新型职业农民科技培训教材

农机使用与维修

主　　编　李　莉

参编人员　舒　卫　魏含斌

　　　　　林世友　钟承祥

电子科技大学出版社

图书在版编目（CIP）数据

农机使用与维修 /《新型职业农民科技培训教材》编委会编.
—成都：电子科技大学出版社，2012.7（2023.10 重印）
中国农民工职业教育培训教材
ISBN 978-7-5647-1251-8

Ⅰ. ①农… Ⅱ. ①农… Ⅲ. ①农业机械—使用方法—技术培训—教材②农业机械—机械维修—技术培训—教材
Ⅳ. ①S22

中国版本图书馆 CIP 数据核字（2012）第 153231 号

新型职业农民科技培训教材
农机使用与维修

《新型职业农民科技培训教材》编委会 编

出　　版：电子科技大学出版社（成都市一环路东一段 159 号电子信息产业大厦　邮编：610051）
策划编辑：张　鹏
责任编辑：张　鹏
主　　页：www.uestcp.com.cn
电子邮箱：uestcp@uestcp.com.cn
发　　行：新华书店经销
印　　刷：郫县犀浦印刷厂
成品尺寸：130mm×195mm　　印张 10.625　　字数 220 千字
版　　次：2012 年 8 月第一版
印　　次：2023 年 10 月第十二次印刷
书　　号：ISBN 978-7-5647-1251-8
定　　价：15.90 元

◆ 本社发行部电话：028-83202463；本社邮购电话：028-83201495。
◆ 本书如有缺页、破损、装订错误，请寄回印刷厂调换。

新型职业农民科技培训教材

编委会

编者的话

为贯彻落实中央1号文件和全国农业科技教育工作会议精神，加快培育新型职业农民，推进现代农业发展，保障国家粮食安全和主要农产品有效供给，“以传播农业知识，提高农民素质，促进农业生产，增加农民收入”为宗旨，我们组织有关职业技术院校的涉农专业教师和长期从事农业技术推广工作的资深专家，编写了这套具有较强针对性和实用性，又便于农民朋友学习、提高的培训教材，供各地开展新型职业农民培训时选用。

该套教材采用了国家最新标准、法定计量单位和最新名词、术语，并注重行业针对性和实用性，力求做到内容浅显易懂、图文并茂，让农民朋友易于学习、掌握。该套教材共涵盖种植、养殖、加工、农产品安全等四个大类，共20多种，是目前国内同类教材中最新的一套培训系列教材。

由于编写时间较为仓促，教材中难免存在不足和错误，诚望各位专家和广大读者批评指正。

《新型职业农民科技培训教材》编委会

2012年7月

目录

MULU

第一章
动力机械

凡是能够将某种形式的能量转化为机械能的机器，统称为动力机械。动力机械按能量转化方式不同可分为风力发动机、水力发动机、热力发动机和电力发动机等。其中将燃料燃烧时发出的热能转化为机械能的动力机械称为热力发动机。燃料在发动机外部燃烧的为外燃式发动机；燃料在发动机内部燃烧的为内燃式发动机，简称内燃机。

在农业生产中，采用最多的动力机械有柴油机、汽油机和电动机。柴油机、汽油机均属于内燃机，被广泛作为运输机械、耕整地机械、收获机械的动力，在缺电地区还可作为发电和排灌机组的动力。电动机属于电力机械，被广泛用作排灌、脱粒和农产品加工机械的动力。

第一节 内燃机的分类和型号

一、内燃机的分类

按所用燃料的不同，内燃机可分为汽油机和柴油机；

按气缸数的不同，内燃机可分为单缸、多缸（双缸、三缸、四缸、六缸等）；

按每个工作循环冲程数量的不同，内燃机可分为二冲程和四冲程两种。

二、内燃机的型号

为了便于生产管理和使用，一般国家对内燃机的名称和型号规定有统一的编制方法。柴油机型号中前面的字母表示系列代号或企业代号。第一个阿拉伯数字表示气缸数，后面的阿拉伯数字表示气缸直径，单位统一为 mm，最后的字母为用途特征代号。

如 495Q 柴油机，表示气缸直径为 95 mm 的四冲程水冷车用柴油机；TD4100 柴油机表示气缸直径为 100 mm 的四冲程水冷柴油机。

由于拖拉机的发动机多为柴油机，因此本书将重点介绍柴油机。

第二节　柴油机的基本构造

一、基本构造

柴油机的一般结构如图 1－1 所示。气缸顶部由气缸盖密封，通过气缸盖上的进气门吸进新鲜空气，排气门排出工作废气。柴油的燃烧和做功是在由活塞、气缸、气缸盖组成的封闭空间内进行的。活塞通过连杆与曲轴连接，曲轴上固定有飞轮。活塞在气缸内作直线往复运动，通过连杆将动力变成曲轴的旋转运动。活塞上下往复一次，曲轴旋转一圈。

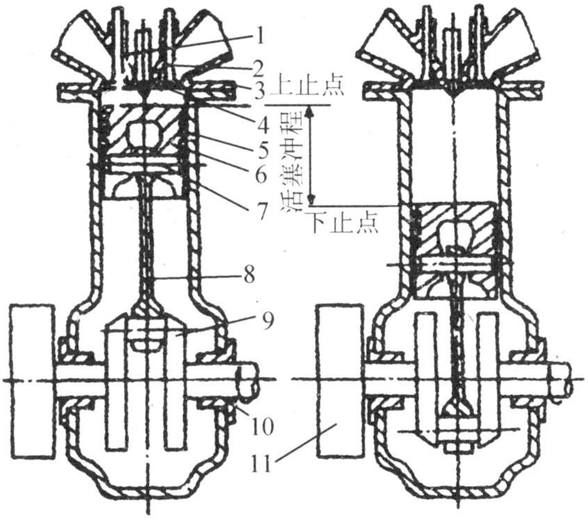

图 1－1　柴油机的结构

1. 排气门　2. 进气门　3. 气缸盖　4. 喷油器　5. 气缸　6. 活塞　7. 活塞销　8. 连杆　9. 曲轴　10. 主轴承　11. 飞轮

1. 柴油机的组成包括：（1）曲柄连杆机构和机体零件；（2）配气机构和进、排气系统；（3）燃料供给系统；（4）润滑系统；（5）冷却系统；（6）启动装置。

2. 发动机的基本零件主要有气缸、气缸盖、活塞、连杆、曲轴、飞轮以及曲轴箱与油底壳等。

二、常用术语

1. 上止点和下止点：活塞在气缸中往复运动的两个极限位置叫做止点，活塞离曲轴中心最远的位置叫上止点；活塞离曲轴中心最近的位置叫下止点。

2. 活塞行程：也叫冲程，是指活塞从一个止点到另一个止点所移动的距离。

3. 燃烧室容积：活塞在上止点时，活塞顶以上的气缸容积。

4. 气缸总容积：活塞在下止点时，活塞顶以上的气缸容积。

5. 气缸工作容积：上下止点间的气缸容积，也称为柴油机单缸排量。气缸工作容积 = 气缸总容积 - 燃烧室容积。

6. 压缩比：气缸总容积与燃烧室容积的比值，表示气缸内气体被压缩的程度。柴油机的压缩比一般在16 ~ 24 之间。

第三节　柴油发动机的工作原理及构造

一、基本工作原理

发动机的基本工作原理是利用燃料在气缸内燃烧放出热量，使气缸内的气体膨胀推动活塞运动，再由连杆驱使曲轴旋转。简单地讲就是将燃料燃烧的热能转化为机械能。

柴油机每完成一个工作循环都要经过进气、压缩、做功、排气四个过程，活塞上下往复两次，曲轴转两圈。具体过程如下：

进气过程：将清洁的空气或空气与燃油所形成的可燃混合气体吸入气缸。

压缩过程：将吸入气缸内的空气或可燃混合气体进行压缩，使气体温度升高创造燃烧的有利条件。

做功过程：喷油自燃或点燃混合气，放出热量使气体受热膨胀推动活塞进行运动做功。

排气过程：将燃烧后的废气排出。

发动机就是不断运行，重复上述四个过程，将热能转变为机械能。

1. 单缸四冲程柴油机的工作过程（图 1－2）

（1）进气过程：曲轴靠飞轮惯性力旋转，带动活塞由上止点向下止点运动，这时排气门关闭，进气门打开，由于气缸容积增大形成内外压力差，新鲜空气被吸入气缸。

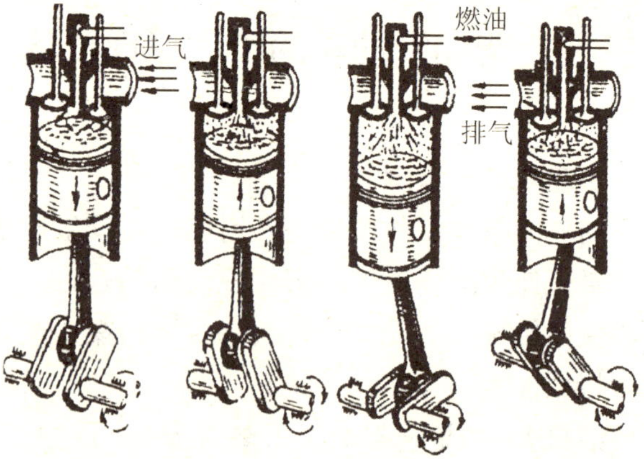

图 1－2　单缸四冲程柴油机工作过程

（2）压缩过程：曲轴靠飞轮惯性力继续旋转，带动活塞从下止点向上止点运动，这时进排气门都关闭，气缸内形成密封的空间，随着活塞的上移，气缸内的气体受到压缩，压力和温度不断升高，当活塞到达上止点时，喷油器将高压柴油喷入燃烧室，由于气缸内温度超过柴油的自燃温度，混合气体开始燃烧。

（3）做功过程：进、排气门仍然关闭，气缸内混合气体燃烧放出大量的热能，高温、高压的气体急剧膨胀，推动活塞从上止点向下止点移动做功，并通过连杆带动曲轴旋转，向外输出动力。

（4）排气过程：在飞轮惯性作用下，旋转的曲轴带动活塞从下止点向上止点运动，这时进气门关闭，排气门打开，燃烧的废气被排出机外。

由于单缸机转速不均匀，而且提高功率难，因此大多把发动机做成多缸机，并采用专门形式的曲轴，把每个气缸的做功过程均匀错开，提高转速的均匀性，使惯性力和惯性力矩能相互抵消或减弱，从而提高平衡性，并提高功率。

2. 多缸四冲程发动机的工作顺序

（1）双缸四冲程柴油机的工作顺序为：双缸四冲程柴油机曲轴上两个曲柄处在同一平面内，但方向相反，夹角为180°，两缸做功间隙角为720 ÷ 2 = 360°。当第一缸做功时，若第二缸压缩，则工作顺序为1 –2 –0 –0；而第一缸做功时，若第二缸排气，则工作顺序为1 –0 –0 –2。由于受曲轴结构限制，双缸四冲程柴油机在曲轴旋转两圈内，其中一圈连续做功两次，做功间隙并不相等，因而曲轴转动也就不均匀。

（2）四缸四冲程柴油机的工作顺序为：四缸柴油机的曲轴上各曲柄处于同一平面内，其中一、四缸在同一方向，二、三缸在另一方向，做功间隙角为720° ÷4 = 180°，在一、四缸活塞上行时，二、三缸活塞下行，当一缸做功时，四缸进气，此时若二缸排气，则工作顺序为1 –3 –4 –2；若二缸压缩，则工作顺序为1 –2 –4 –3。这样当曲轴旋转两圈时，每个缸都完成四个过程，且四个缸的做功过程互相错开，均匀分布于720°转角内，使曲轴在任何位置都有一个气缸在做功，曲轴旋转的均匀性大大得到改善。

（3）三缸四冲程柴油机工作顺序一般为1 –3 –

2，各缸做功间隙角度为240°。

（4）六缸四冲程柴油机工作顺序一般为1－5－3－6－2－4。各缸做功间隙角度为120°。

二、曲柄连杆机构机体零件

1. 组成及用途

（1）组成：曲柄连杆机构主要包括活塞、连杆组、曲轴飞轮组。活塞连杆组包括活塞、活塞环、活塞销、连杆、连杆轴承、衬套；曲轴飞轮组包括曲轴、主轴承和飞轮。机体零件主要包括机体、气缸套、气缸盖、油底壳等。

（2）用途：曲抦连杆机构是燃料燃烧产生的热能转化为机械能的主要机构，是安装发动机各机构、系统的基架。

2. 曲柄连杆机构

（1）活塞：活塞直接承受气缸中的气体压力，并经连杆将作用力传给曲轴做功（图1－3）。

活塞可分为活塞顶、防漏部、活塞销孔和裙部四个部分。

①活塞顶：顶部为燃烧室的组成部分，可承受气体压力。根据发动机及燃烧室的形式可做成不同形状，有平顶、凸顶及各种凹坑顶。

②防漏部：防漏部用以安装活塞环，起到密封的作用，防止高压气体泄漏。

③活塞销孔：销孔用以安装活塞销。防止工作时活塞销窜动损伤缸套。

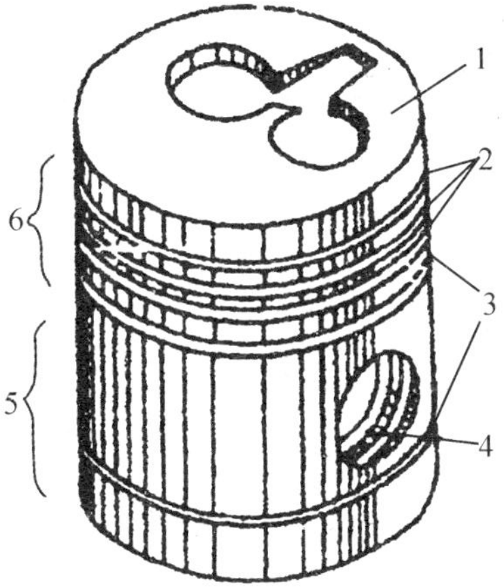

图1－3 活塞的结构

1. 顶部 2. 气环槽 3. 油环槽 4. 活塞销孔 5. 裙部 6. 防漏部

④裙部：裙部是活塞往复运动的导向部分，并起到承受侧压力的作用。

(2) 活塞环：活塞环分气环和油环两种，气环用来保证气缸壁与活塞间的密封，防止高压气体泄漏，同时把活塞顶部所吸收的大部分热量（约80%）传给气缸壁，经冷却系统散发出去。油环可起到布油和刮油作用，使机油均匀分布在气缸壁上，以利于润滑并防止机油窜入燃烧室。另外活塞环还有支撑活塞的作用。

①气环：气环是一种具有切口的弹性环，在自由状态下，其外径大于气缸直径。为了加强密封效果，缩短磨合时间，延长使用寿命，气环通常制成特殊的断面形状（图1－4）。有矩形、梯形、阶梯形等。

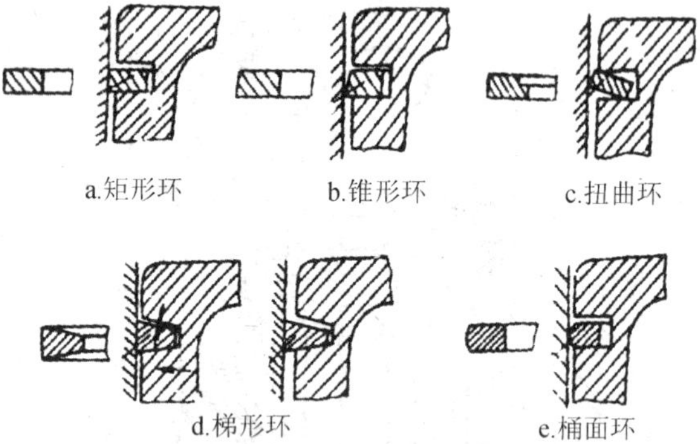

图 1－4　气环断面形状

②油环：油环有整体式和组合式两种。

③活塞销：活塞销用来连接活塞和连杆，并将活塞承受的气体压力传给连杆，一般为空心的圆柱体。活塞销与活塞、连杆的连接方式多采用全浮式连接，即在冷态下与销孔为过盈配合，工作受热后为间隙配合，用卡环限位以防活塞窜动损伤气缸。

（4）连杆与连杆轴承：连杆与连杆轴承将活塞承受的气体压力传给曲轴，并将活塞的往复运动变成曲轴的旋转运动，同时也把曲轴的旋转运动转变成活塞的上下往复运动，并承受包括本身在内的惯性力。

连杆分为连杆小头、杆身与连杆大头三部分。

（5）连杆衬套、连杆轴瓦及连杆螺栓。

①连杆衬套：连杆衬套一般为青铜或粉末冶金衬套。衬套压入连杆小头孔中，在衬套上钻有油孔或开有油槽，以便进油或贮油润滑。

②连杆轴瓦：连杆轴瓦装在连杆大头孔内，由两

个半圆形钢片组成，钢片内表面镀有减磨合金，以减少连杆轴颈的磨损。轴瓦钢背面上有凸键，安装时要卡入连杆大头相应的凹槽中，以防轴瓦窜动。

③连杆螺栓：连杆螺栓按规定扭矩扭紧并可靠锁住。

（6）曲轴：曲轴可将活塞的往复运动转变为旋转运动，并把连杆传来的气体压力转变为扭矩，通过飞轮或皮带轮、轮对外输出功率和驱动各辅助系统。

曲轴由主轴颈、连杆轴颈、曲柄、曲轴平衡块及曲轴前、后端组成，如图 1－5 所示。

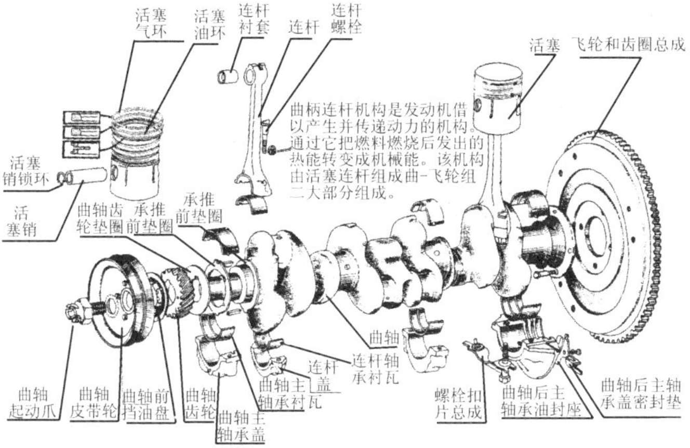

图 1－5　曲柄连杆机构

（7）主轴承：大多数发动机的主轴承都采用开式轴瓦，少数采用闭式轴瓦，但也有采用流动轴承的。

（8）飞轮：飞轮用来贮存和放出能量，帮助曲柄连杆机构完成辅助行程，使曲轴旋转均匀，还能克服短时间的超负荷，并经飞轮将扭矩传给离合器。飞轮是一个铸铁圆盘，外缘上刻有上止点，供油时刻等记号，有的柴油机的飞轮还垫套一个齿圈。飞轮尺寸和重量的大小与气缸数的冲程数有关。缸数多，其尺寸和重量轻；二冲程较四冲程的尺寸小、重量轻。

3. 机体零件

（1）机体：机体是气缸体、曲轴箱、油底壳、主轴承盖等固定零件的总称，它是安装柴油机其他零部件的骨架，是形状复杂的灰铸铁件。

（2）气缸套：气缸套是燃烧室的组成部分，对活塞的运动起导向作用。

气缸套有整体式和缸套式两种。缸套式分干式和湿式。目前柴油机上广泛采用湿式气缸套，其外壁直接与冷却水接触，散热效果好。干式缸套其外壁不与冷却水直接接触，散热性能较差。

（3）气缸盖总成：气缸盖总成包括气缸盖、气缸垫、气缸盖罩等零件。气缸盖为铸件，用螺栓固定在气缸体上，用来密封气缸，并与活塞顶部和气缸组成燃烧室，气缸垫装在气缸盖与气缸体之间，保证接触面的密封，防止燃气泄漏和冷却水的渗入。气缸盖罩用螺栓安装在气缸盖上部，用来封闭摇臂机构，另外还装有减压机构。

三、配气机构及进排气系统的构造

1. 配气机构的功用与组成

配气机构的作用是根据柴油机工作循环和工作顺

序的要求，及时开闭气门，以保证进气行程中新鲜空气被吸入，压缩和做功行程中气缸被封闭，排气行程中将废气排出缸外。

配气机构有两种形式：一是气门式配气机构，又分为顶置气门式和侧置气门式，多用在四冲程发动机上；二是气孔式配气机构，多用在二冲程发动机上。

气门配气机构由气门组、传动组和驱动组组成。

（1）气门组：气门组主要包括气门、气门座、气门导管、气门弹簧和弹簧座及气门锁片等零件。

（2）传动组：传动组主要包括摇臂、摇臂轴、摇臂轴座、调整螺钉、推杆和拖柱等组成。

（3）驱动组：驱动组包括凸轮轴和配气正时齿轮。

2. 配气相位

柴油机在实际工作过程中，进、排气门的开启与关闭并不是在活塞到达上止点或下止点时才开始的，而是要提前打开，延迟关闭，因此进、排气门从打开到关闭所对应的曲轴转角都大于180°。用曲轴转角表示的气门实际开闭时刻和持续时间叫做配气相位。

进气门适当早开晚闭，可减少进气阻力，并利用惯性进气，从而增加总进气量；排气门适当早开晚闭可减少排气阻力，并利用压力差自动排气，从而将废气彻底排出。

由于进气门在上止点之前打开（提前 α 角），排气门在上止点之后关闭（延迟 δ 角），这样就出现两个气门同时开启的现象，称为气门重叠，相应的曲轴转角为气门重叠角（α+δ）。合理选择气门重叠角，可以利用新鲜空气清扫废气。如图 1－6 所示。

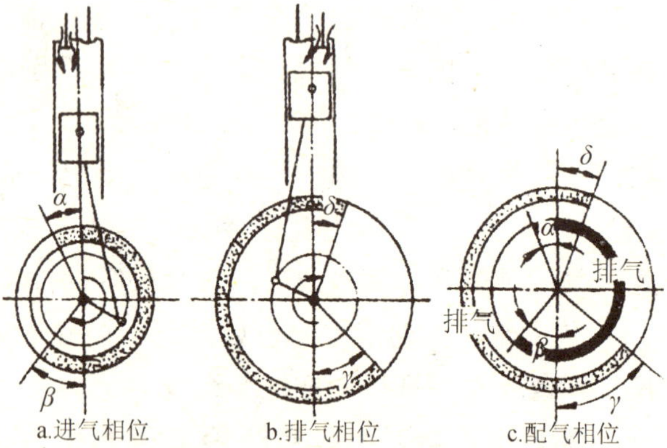

图 1－6　柴油机配气相位图

α. 进气门提前开启角　β. 进气门延迟关闭角　γ. 排气门提前开启角

δ. 排气门延迟关闭角　α＋δ. 气门重叠角

3. 进排气系统

进排气系统由空气滤清器、进排气支管以及消声器等组成，它的作用是及时充分地向气缸供给干净的空气，并将工作废气及时、彻底地排出机外，同时消声、减火。

（1）空气滤清器：清除空气中的灰尘杂质，保证供给内燃机清洁、足量的空气。

空气滤清器按滤清空气方式可分为惯性式、过滤式和综合式三种；按过滤过程中是否用油来增强滤清效果，又分为湿式和干式。柴油机上一般采用三级综合式空气滤清器。

（2）进排气支管：通常进气支管是相邻两个气缸共用一个，而排气支管则每个气缸一个。

（3）消声器：安装在排气管上，以减少排气噪声和消除废气中的火花。

四、燃油供给系统

1. 燃油供给系统的功用与组成

燃油供给系统的功用是按照柴油机各缸工作顺序和工作过程要求，将具有一定压力的干净适量柴油，在规定时间内以良好的雾化质量喷入燃烧室，并与空气迅速而良好地混合和燃烧。一般将喷油泵至喷油器之间的油路称为高压油路，而将燃油箱到喷油泵之间及回油管路称为低压油路。

燃油供给系统由柴油机、输油泵、柴油滤清器、喷油泵、调整器、喷油器以及高压油管和低压油管等组成。

2. 各主要部件的功用

（1）油箱：油箱用来贮存足够数量的柴油，并初步沉淀其中的水分和杂质。

（2）柴油滤清器：柴油滤清器用来过滤柴油中的机械杂质和水分，减少精密配件的磨损，保证喷油泵和喷油器的正常工作。常用多孔陶瓷滤芯滤清器和纸质滤芯滤清器。

（3）输油泵：输油泵是将柴油从油箱中吸出，并适当增压，以克服柴油通过滤清器和管路的阻力，保证连续不断地向喷油泵输送充足的柴油。其形式有膜片式、活塞式、刮片式三种。活塞式输油泵较为常用。

活塞式输油泵主要由活塞、活塞弹簧、进油与出油阀、推杆以及手压油泵组成。活塞由喷油泵凸轮轴上偏心轮驱动，当偏心轮凸起顶动推杆使活塞下行时，活塞下腔的油压增高，进油阀门被关闭，出油阀被推开，柴油从活塞下腔被压入活塞上腔。当偏心轮的凸起部分转动过后，弹簧力使活塞向上运动时，活塞上腔的油压增高，出油阀关闭，活塞上腔的柴油从出油口流向滤清器。与此同时，活塞下腔油压降低，进油阀被吸开，柴油从进油口进入活塞下腔。如此反复不断地将柴油吸入和压出。如图 1－7 所示。

（4）喷油泵：喷油泵用来提高柴油压力，并根据柴油机工作顺序和负荷大小，定时、定量地将高压柴油送到喷油器。常用的喷油泵有柱塞式和转子分配式两种。多缸柴油机上为组合泵，将各缸的泵油机构和调速器装配在一起，每组泵油机构称为分泵。常用的喷油泵是柱塞式喷油泵。柱塞式喷油泵由油泵机构（分泵）、油量调节机构、传动机构、调速器、输油泵等组成。国产柱塞泵按气缸直径分为Ⅰ、Ⅱ、Ⅲ号系列喷油泵。如图 1－8 为Ⅱ号喷油泵总成。

①分泵：分泵由柱塞偶件、出油阀偶件、柱塞弹簧和出油阀弹簧等零件。如图 1－9 所示。

a. 柱塞偶件由柱塞和柱塞套组成，二者配对使用。

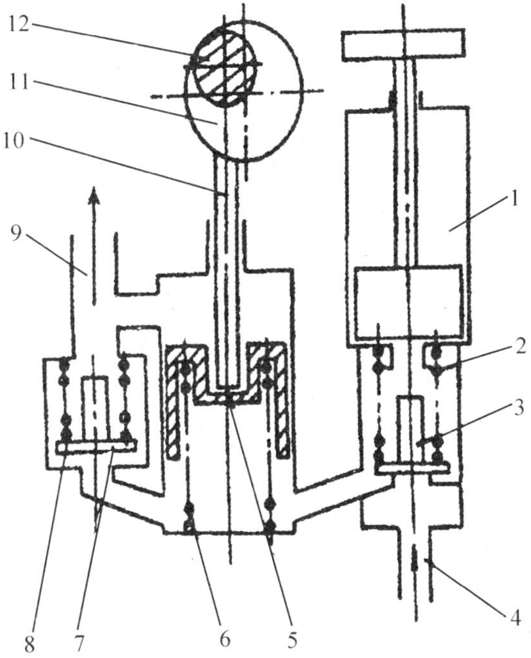

1－7　**活塞式输油泵工作原理图**

1. 手油泵　2. 弹簧　3. 进油阀　4. 进油口　5. 活塞
6. 活塞弹簧　7. 出油阀　8. 弹簧　9. 出油口　10. 顶杆
11. 偏心轮　12. 喷油泵凸轮轴

b. 出油阀偶件包括阀芯和阀座，用来保证供油和断油迅速干脆，使喷油泵停止供油时无滴油现象，也需配对使用。

②油量调节机构：油量调节机构是根据工作负荷大小，转动柱塞改变循环供油量。按转动柱塞的机构可分为齿条式和拨叉式两种，Ⅱ号喷油泵采用拨叉式。

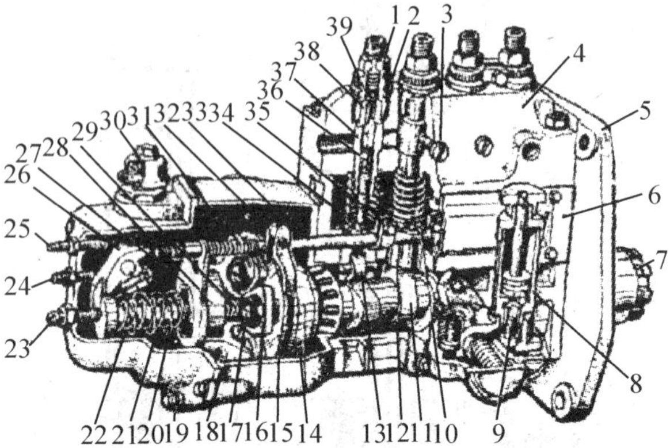

图 1－8　Ⅱ号喷油泵总成

1. 出油阀紧座　2. 铜垫　3. 定位螺钉　4. 上体　5. 固定板　6. 盖板　7. 花键轴套　8. 手油泵　9. 进油阀　10. 调节臂　11. 凸轮轴　12. 滚轮体　13. 滚轮　14. 传动盘　15. 飞球支架　16. 飞球座　17. 飞球　18. 推力盘　19. 防油螺钉　20. 启动弹簧　21. 调速弹簧　22. 怠速弹簧　23. 调节轴　24. 怠速限制螺钉　25. 高速限制螺钉　26. 调速叉　27. 传动板　28. 轴承　29. 校正弹簧　30. 通气帽总成　31. 拉杆弹簧　32. 停供油杆　33. 供油拉杆　34. 柱塞弹簧下座　35. 调节叉　36. 柱塞　37. 柱塞套　38. 出油阀座　39. 出油阀

③传动机构：传动机构包括喷油泵凸轮轴、滚轮体总成、油泵驱动齿轮和油泵弹簧等。

（5）调速器：调速器根据发动机负荷的变化，自动地调节各缸的循环油量，以控制发动机的转速，保持转速基本不变，从而使柴油机能够稳定工作，防止飞车和熄火。

调速器按作用原理分为机械式、气力式和液力式；按控制阀转速范围分为单程式、双程式和全程式。

调速器由驱动部分、钢球座部件、传动部分、调节轴及调速弹簧和操纵部分组成。

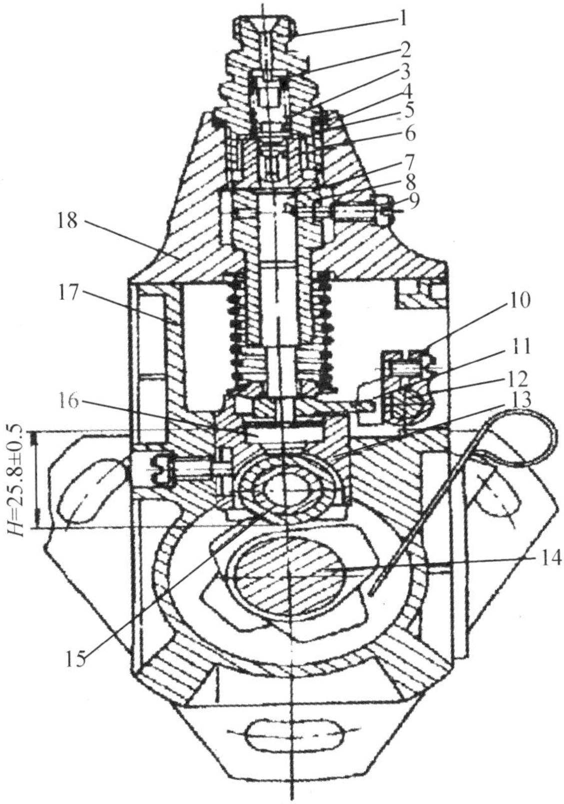

图 1－9　Ⅱ号喷油泵的分泵

1. 出油阀紧座　2. 减容体　3. 出油阀　4. 橡胶圈　5. 铜垫　6. 出油阀座　7. 柱塞　8. 柱塞套　9. 定位螺钉　10. 调节叉　11. 调节臂　12. 供油拉杆　13. 滚轮体　14. 凸轮轴　15. 滚轮　16. 垫块　17. 下体　18. 上体

①调速器的工作原理

调速器有两个基本组成部分，即感应元件和调节供油拉杆位置的执行机构。机械式调速器通常用钢球或飞锤作为感应元件。在负荷变化而引起转速变化时，钢球或飞锤的离心力也变化，从而驱动执行机构，改变供油拉杆位置自动增减供油量。图 1－10 为全程调速器原理图，弹簧座空套在支承轴上，扳动操纵杆（油门）可使弹簧座左右移动，从而改变弹簧预紧力，选定转速范围。当操纵杆向左扳动时，调速弹簧预紧力增大，调速器开始起作用，转速升高，使柴油机维持在较高的转速范围内工作；反之，调速弹簧预紧力减小，调速器开始起作用，转速降低，柴油机维持在转速较低的范围内工作。操纵杆的位置可由机手按工作需要来控制，但其摆动范围由两个限位螺钉限制。为了使柴油机工作更完善，多缸机调速器还装有启动加浓装置和油量校正装置，便于冷冻启动和克服临时超负荷。单程调速器与全程调速器的工作原理基本相同。

②调速器的构造

Ⅱ号喷油泵调速器装在喷油泵的后端，靠喷油泵凸轮轴驱动其旋转部件转动工作，其结构如图 1－11 所示，采用双排 12 个钢球，成对装在飞球座内，球座由圆盘支架支撑，并可在圆盘支架的 6 个径向槽内作径向滑动。传动盘通过传动套固定在喷油泵凸轮轴后端。推力盘空套在传动套上，其后端装有滚动轴

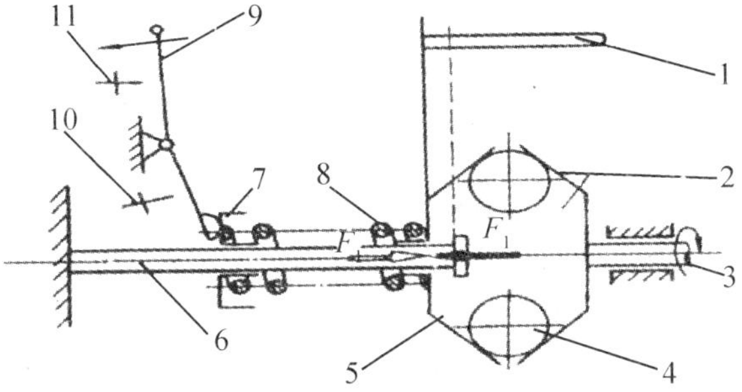

图 1－10 全程调速器原理图

1. 供油拉杆 2. 传动盘 3. 喷油泵凸轮轴 4. 钢球
5. 推力盘 6. 支承轴 7. 弹簧座 8. 调速弹簧 9. 操纵杆
10. 怠速限制螺钉 11. 高速限制螺钉

承，传动板压紧在轴承内圈的端面，其上端与供油拉杆相连，传动板随推力盘一起移动，带动供油拉杆改变供油量。传动盘内表面有 6 条径向半圆形凹坑，工作时带动钢球一起转动。支撑轴一端固定在调速器后壳上，上面套有不同刚度的校正弹簧、怠速弹簧和启动加浓弹簧。启动加浓弹簧细而软，套在最外面，其前端直接作用在轴承座上，在启动时起加浓作用。调速弹簧套在中间，刚度最大，安装时有轴向间隙，在柴油机正常运转时，和怠速弹簧共同起调速作用。怠速弹簧在最里面，安装时稍有预紧力，单独工作时能满足怠速调速的要求。校正弹簧装在调速轴的前端，构成调速弹簧的“弹性”支撑，只有在柴油机短时间超负荷、转速低于标定转速时被压缩，使推力盘带动供油拉杆再移动一段距离，起额外增加供油量的作用。

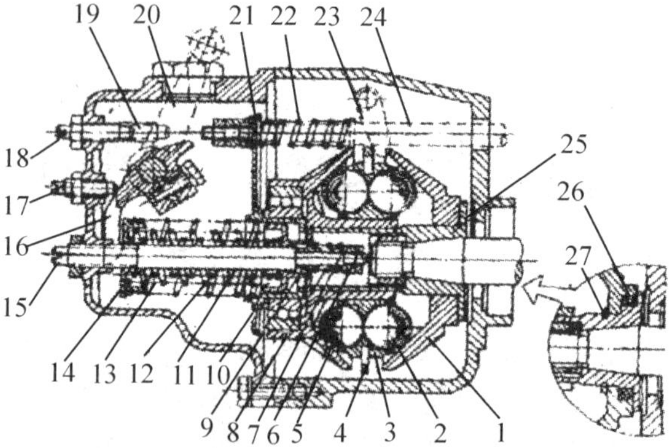

图 1－11　Ⅱ号喷油泵调速器

1. 传动盘　2. 钢球　3. 球座　4. 圆盘支架　5. 推力盘
6. 校正弹簧调整螺母　7. 校正弹簧前座　8. 校正弹簧
9. 校正弹簧后座　10. 调速弹簧滑座　11. 怠速弹簧　12. 调速弹簧
13. 启动加浓弹簧　14. 弹簧座　15. 支承轴　16. 调速叉
17. 怠速限制螺钉　18. 高速限制螺钉　19. 拉杆停供挡钉
20. 操纵臂　21. 传动板　22. 停供弹簧　23. 停供转臂
24. 供油拉杆　25. 传动套　26. 方形橡胶圈　27. 卡簧

Ⅰ号喷油泵调速器采用了单排钢球（共6个），直径增大，取消了飞球座和圆盘支架。钢球在离心力作用下沿径向移动时，与传动盘和推力盘的面间产生相对滑动，摩擦阻力较大。调速弹簧采用了扭簧，使其结构紧凑，扭簧套在调速操纵轴上，并用螺钉定位。扭簧的两脚压在滑套大端的外侧端面上，转动操纵臂就可使弹簧产生扭曲变形，改变压在滑套上的预压力，便可改变调速范围。

Ⅰ号泵调速器的工作过程与Ⅱ号泵调速器的工作过程基本相同。

（6）喷油器：喷油器用来将喷油泵送来的高压柴油雾化成细小微粒，并以一定的形状和射程喷入燃烧室，并在喷油结束后断油迅速且无滴漏。

常用的喷油器形式有单孔轴针式和多孔针阀式两种类型。

①单孔轴针式喷油器结构如图1－12所示，它由针阀和针阀体组成。喷油嘴偶件，不能折对互换。针阀体内除有针阀孔外，还有环形油道、直油道和压力室及喷孔等。喷孔直径一般为1～1.5 mm。

②当喷油泵供油时，高压柴油经喷油器体油道和针阀体内油道进入喷油嘴下部油腔，对针阀大锥面产生向上的推力，当推力大于调压弹簧力时，针阀向上升起，其密封锥面离开喷孔内锥面使喷孔开启，高压柴油经柱销与喷孔之间的环形缝隙而喷射到燃烧室中。当喷油泵停止供油时，油腔内油压迅速下降，针阀便在弹簧作用下迅速回落封闭喷孔，停止喷油。

五、润滑系统

1. 润滑系统的功用与组成

（1）润滑系统的功用：润滑系统主要是将清洁的机油连续不断地输送到各运动件表面，起到润滑、冷却、清洗、密封和防锈的作用。润滑系统的作用主要表现为：在运动件表面形成油膜，减少零件摩擦、磨损和功率消耗；冷却摩擦件，用流动的润滑油将磨损

产生的热量带走；利用流动的润滑油带走金属和其他杂质，保持零件的清洁；在气缸壁和活塞环之间形成

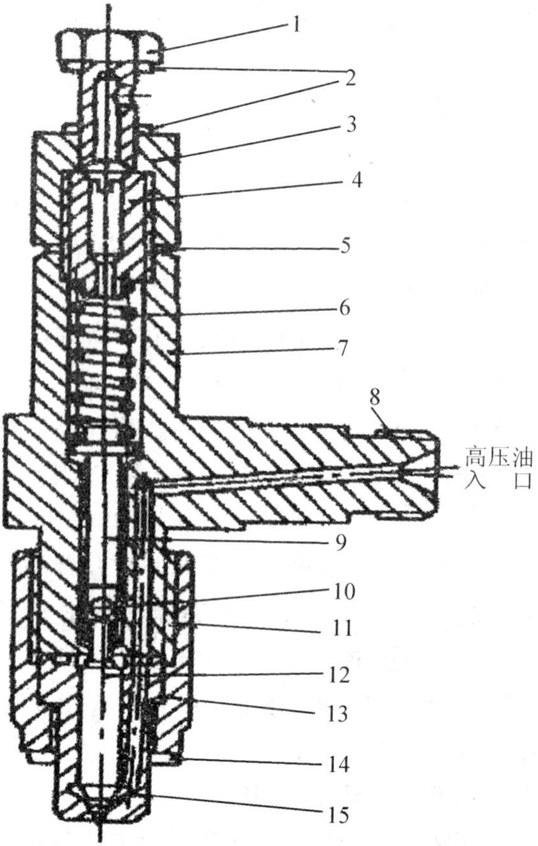

图 1－12　单孔轴针式喷油器

1. 回油接头　2. 垫圈　3. 锁紧螺母　4. 调压螺钉　5. 喷油器体　6. 调压弹簧　7. 喷油器体　8. 高压油管接头　9. 顶杆　10. 钢球　11. 喷油器紧帽　12. 针阀　13. 针阀体　14. 密封垫圈　15. 环形油腔

油膜，起密封作用，防止漏气；在零件表面形成保护层，防止氧化生锈、腐蚀。

（2）润滑系统的形式：根据润滑方式可分为飞溅、滴油、油浴润滑，压力循环润滑，压力微量润滑等形式。

（3）润滑系统的组成：润滑系统主要由油底壳、集滤器、机油泵、机油滤清器、机油散热器、各种阀门（限压阀、安全阀、回油阀等）、机油压力表、机油标尺等组成。

2. 主要部件的功用

（1）机油集滤器：机油集滤器在机油泵的作用下，用来将机油从油底壳中吸入机油泵，并滤去其中较大的杂质。

（2）机油泵：机油泵在发动机工作时，将机油增压后连续不断地输送到运动件表面。机油泵分内外转子和齿轮式两种。

（3）机油滤清器：机油滤清器可起到除去机油中的金属磨屑、尘土、积炭、油泥等保持机油清洁的作用。

机油滤清器按滤清方式分为过滤式和离心式；按工作范围不同分为粗滤器和细滤器；按滤芯结构不同分为网式、片状缝隙式、带状缝隙式、纸质滤芯式和锯末滤芯式等。

（4）机油散热器：为防止机油温度过高而使黏度下降，影响润滑效果，须使用机油散热器。散热器有水冷和风冷两种。

（5）机油压力表：机油压力表用来显示机油主油道的机油压力。主要有管弹簧式、膜片式和电感式三种。

六、冷却系统

1. 冷却系统的功用和组成

（1）功用：及时带走气缸盖、气缸体和活塞等零部件所吸收或产生的热量，确保和维持发动机的正常工作。

（2）冷却系统的形式有水冷式和风冷式两大类。水冷式又分温差循环式和压力循环式。而压力循环式又分为开式和闭式两类。

（3）组成：水冷却系统是用水冷却柴油机，然后再将热量传给空气。温差循环水冷却系统多用于单缸机；压力循环式水冷却系统多用于多缸机。压力循环水冷却系统由水泵、风扇、散热器（水箱）、节温器、缸体、缸盖上的水套、空气蒸气阀、水温表等组成。风冷却系统由风扇、导风装置和在缸体与缸盖上的散热片组成。

第四节　发动机常见故障及产生原因

发动机是拖拉机的心脏，是拖拉机的动力装置，是故障易发部位。发生故障的情况多种多样，下面着重讲一讲几种常见故障的处理。

一、发动机功率下降的原因及排除方法

1. 表现：发动机功率下降表现为拖拉机工作没劲、发动机工作冒烟（蓝烟或黑烟），易过热，稍有负荷极易熄火，行驶速度降低。

2. 原因及排除方法

（1）空气滤清器堵塞，进气不畅；柴油滤清器或油管堵塞，供油不足，排气管路阻塞，排气阻力过大，废气残留量大，导致功率下降。按规程要求及时进行技术保养。

（2）装配调整不正确。气门间隙过大、过小或封闭不严；喷油泵凸轮轴供油开始角或发动机曲轴供油提前角过早或过晚；喷油器工作不正常，雾化质量、密封性不好；调速器开始作用转速过低；喷油泵回油阀限制压力过低或接触不严等都会造成发动机功率下降。通过正确的调整即可排除。

（3）发动机长期使用，缸套和活塞磨损过大；高压油泵柱塞偶件磨损，造成供油量不足等。遇到此类情况，最好送修理厂进行修理。

二、柴油机过热的原因及排除方法

1. 各运动件润滑不良，出现半干或干摩擦。排除方法为检查润滑系统，更换机油，保证机油面高度，调整机油压力等。

2. 运动件装配调整不当，间隙过小，运转时摩擦发热。排除方法为调整装配间隙。

3. 供油时间过迟，燃烧不完全。排除方法为校正供油提前角。

4. 排气门间隙过大，降低排气效率。排除方法为重调气门间隙。

5. 燃烧室内的积炭过多，没有及时清理，造成导热不良和压缩比增大。排除方法为彻底清除积炭。

6. 超负荷工作时间过长。排除方法为杜绝长期超负荷作业。

7. 水冷柴油机水泵皮带过松或折断，冷却水太少且水垢太厚；节温器安装不当或失效。排除方法为更换损坏部件。

8. 风冷柴油机散热器内部短路，散热不良；风道、气缸体或气缸盖散热片太脏，散热效果差；导风罩未扣严，漏风；冷却风扇皮带太松或损坏等。排除方法为清洗污垢，更换损坏部件。

三、发动机排气冒烟的原因及排除方法

发动机排气冒烟颜色可分为黑色、白色和蓝色三种。遇到此类问题时，一是通过仔细观察准确认定排气颜色；二是注意观察烟是连续的还是间断的，是突发的还是逐渐发展的；三是注意曲轴箱通气孔是否有烟排出，是多是少；四是注意燃油耗量是否增加，机油压力是否有变化等。

1. 冒黑烟：发动机冒黑烟是由于燃油燃烧不完全，产生的自由碳由排气管排出而引起的。究其原因，主要由燃油供给系统、空气供给系统和发动机压缩系统的技术状态不良造成的。

（1）燃油供给系统的故障

第一，由于调整不当，导致供油量大于标准供油量，油、气比例失调，燃烧不完全，排气管冒黑烟不但连续而且均匀。这种情况，新修发动机在马力试验台上就容易表现出来。

第二，由于调整不当或个别缸柱塞调节拉杆接头与油泵拉杆产生相对位置移动时，会导致个别缸供油量偏大，此缸出现燃烧不完全的情况，这时排气冒黑烟是间断的、有规律的，断缸检查时冒烟会消除。

第三，由于喷油嘴雾化质量不好，喷油锥角不正确，导致燃烧不完全，排气冒出黑烟。若个别缸喷油嘴喷油雾化质量不好，燃烧不完全造成的排气冒黑烟是间断的、有规律的；若各缸油嘴喷油雾化质量都不好，锥角不正确，则所冒烟是连续的。造成雾化质量不好的重要原因是喷油嘴调压弹簧弹力减弱或折断造成的。

第四，由于供油提前角不正确，燃油燃烧时间缩短，燃烧不完全，排气冒出黑烟。排除方法为调整供油提前角。

（2）空气供给系统故障

第一，由于空气滤清器缺乏保养，导致堵塞或通气管道不畅，进气不足，燃烧不完全，排气时会冒黑烟。

第二，配气机构的故障会造成发动机供气不足，废气排不净，燃烧不完全而冒出黑烟。故障主要表现为气门间隙大、气门弹簧烧坏、弹簧弹力不足、气门烧损和气门被积炭等杂物垫起导致关闭不严等。

（3）发动机超负荷，排气管冒黑烟。

负荷恢复正常后，黑烟会自动消失。因此发动机超负荷不属于故障，而属于使用不当。

2. 冒白烟：喷入气缸的燃油没燃烧；柴油中含水分较多或冷却水漏入气缸；油路中有空气等气体进入排气管都会冒出白烟，造成这一现象的原因主要有以下几点：

（1）发动机温度低，燃油得不到完全燃烧，没燃烧的燃油呈雾状由排气管排出，形成白烟。

（2）缸垫烧损，冷却水进入气缸，在高温高压下，水呈雾状由排气管排出，形成白烟。

（3）供油时间太晚，燃油不能在工作过程中全部燃烧，没燃烧的燃油呈雾状随废气一同排出，形成白烟，油门越大白烟越明显。

（4）由于喷油嘴针阀在打开位置卡住或喷油嘴压力弹簧折断等原因，使进入气缸的燃油不仅不雾化，而且供油量也增大，燃油不能全部燃烧，大部分白烟由排气管排出。

（5）柱塞副磨损，密封不好，喷油时间滞后，部分燃油没燃烧被排气管排出，形成白烟。

（6）燃油质量不好，自燃点及闪点高，燃烧时间落后，燃烧速度慢，不能完全燃烧，形成白烟。

（7）由于配气机构故障冒出白烟。其原因为单缸进气门间隙过大；摇臂、推杆、气门调整螺栓折断等；使进气门不能打开，燃烧室没有空气，燃油不能燃烧，着火“缺腿”，启动困难；个别气门没有间隙，气门不能关闭，燃油也不能燃烧，出现“缺腿”。

（8）喷油嘴装配不紧，导致漏气，气缸压力不足，部分燃油不能燃烧，由排气管排出，形成白烟。

（9）润滑不良，气门在打开的位置卡住，使气缸压缩不足，燃油不能燃烧造成“缺腿”，形成白烟。

3. 冒蓝烟

发动机工作排气管冒蓝烟，出现这一现象的原因是：

（1）缸套与活塞间隙太大；活塞环开口间隙过大；活塞环被积炭胶住，弹性消失。

（2）缸套有较深的纵向拉伤。

（3）气门与气门导管间隙过大。

（4）空气滤清器油盆中机油油面过高。

（5）油底壳机油油面过高。

（6）新车或大修后的发动机没有严格按磨合规范进行磨合。

（7）燃油质量低劣，含有较多的废机油。

四、柴油机转速不稳定的原因

1. 柴油机转速不稳定的两种表现

一种表现是转速大幅度波动，声音清晰可辨，通常称为“游车”或“喘气”；另一种表现是转速在小幅度范围内波动，从声音上不易辨别，并无一定的规律，在低速状态下出现时，往往容易引起熄火。

2. 柴油机转速不稳定的原因

其原因比较复杂，它涉及使用、维修、制造等各个环节，柴油机的各有关系统都有可能对转速不稳定产生一定影响。但燃油供给系统的故障是造成转速不稳定的主要因素。

（1）燃油滤清器或油路堵塞等使供油不畅；油管破裂、接头不严密、油箱中油面过低，使油路中吸入空气，破坏了供油的连续性。

（2）输油泵工作能力降低。

（3）柱塞转动不灵。

（4）供油拉杆弯曲，拉杆孔不同心，运动不畅。

（5）各缸供油不均匀。

（6）各缸供油时间不一致。

（7）某缸柱塞弹簧、出油阀弹簧折断或弹力不足。

（8）某缸喷油器喷油压力过低，雾化不良或针阀卡滞。

（9）喷油泵凸轮轴轴承间隙过大。

（10）调节器安装调整不当；零件磨损配合间隙过大，作用滞后。

（11）调整弹簧变形、弹力过大或过小；旋转零件不平衡。

（12）供油提前角过大或过小。

（13）活塞环与缸套磨损、气门漏气，导致各缸压缩压力不一致。

五、柴油机工作时自行熄火

排除油路中的空气再启动后，工作不久又会自行熄火，其原因主要有以下三点：

（1）喷油器磨损严重或积炭，针阀偶件密封不严，致使气缸部分压缩气体漏入喷油器，并经喷油器回油管进入低压油路。

（2）低压油路不畅，使供油不足。

（3）油管接头不严或低压油管有裂纹，停车时会向外漏，但负荷工作时会向油道内渗气，累积到一定量后，油路产生气堵，致使柴油机自行熄火。

六、机油压力过低的原因及排除方法

（1）机油牌号不对会导致机油压力过低。排除方法为更换正确牌号的机油。

（2）机油压力表损坏或压力表连接的管路堵塞。排除方法为更换机油压力表，疏通油路。

（3）机油变质。排除方法为更换新机油。

（4）油底壳内机油量不够。排除方法为添加足够量的机油。

（5）油质稀薄，被柴油稀释。排除方法为查明稀释原因，逐项排除，更换机油。

（6）集滤器或机油滤清器堵塞，吸油阻力大或根本吸不上油。排除方法为清洗或更换集滤器和机油滤清器。

（7）机油泵齿轮（或转子）磨损；油泵盖衬垫漏油；油泵装配不当。排除方法为更换齿轮（或转子）调整间隙，更换油泵盖衬垫，按规定装配油泵。

（8）各轴承的配合间隙过大，使机油漏掉。排除方法为更换轴承。

（9）机油管路不畅通或有漏油现象。排除方法为疏通油管或更换油管。

（10）机油泵限压阀调压弹簧损坏或调压阀调节不当。排除方法为更换弹簧或重新调节调压阀。

七、机油压力过高的原因及排除方法

（1）机油压力表失灵。排除方法为更换新表。

（2）机油温度低或黏度大。排除方法为使用正确牌号的机油。

（3）润滑油路堵塞。因机油脏，使压力表以后的油路和回油阀油路堵塞，压力增高。排除方法为注意定期更换润滑机油和清洗油路。

（4）机油滤清器壳体与缸体间纸垫安装错位或更换纸垫时忘做油孔，壳体上回油阀油孔被遮住，回油阀回油阻力增加，回油少，主油道内油量减少不明显，使机油压力升高。排除方法为重新检查纸垫的安装位置，做好油孔并重新安装纸垫。

（5）回油阀压力调整过高，使主油路压力控制得过高。或因回油阀卡死、失灵、不回油使压力增高。排除方法为按要求调整回油阀压力。

（6）安全阀不严密，开启压力低，长期使部分机油不经粗滤器即进入主油道，增加主油道压力和流量。排除方法为按要求重新调整安全阀开启压力。

八、发动机机油温度高于水温的原因

机油油温过高，主要是由散热不良或不能散热、润滑油供应不足或油质低劣等所致。其原因主要有：

（1）油温调节开关的位置不对，机油不经散热气散热，导致油温高于水温。排除方法为重新调整开关位置。

（2）由于安全阀弹簧弹力减弱或折断、安全阀及阀座磨损、封闭不严、安全阀被杂物垫起等，使机油不经粗滤器和散热器散热，由安全阀流入主油道，使机油温度过高。

（3）机油粗滤器被杂物堵塞，安全阀打开，机油得不到冷却，使油温过高。排除方法为经常及时清洗机油粗滤器，用棉纱滤芯时更应及时保养、清洗、更换。

（4）机油散热器油管及散热器管被积炭、杂质等堵塞或通道变小，整体散热效果差，致使机油温度过高。排除方法为注意清理油道，保持畅通，避免故障的发生。

（5）机油散热器隔板脱焊漏油，机油不经散热就流出。排除方法为及时焊修。

（6）机体和缸盖水套内腔水垢过多，使燃烧室及缸套得不到良好散热，使机体温度上升，导致机油温度过高。排除方法为定期清洗缸体和缸套内腔的水垢。

（7）缸盖、缸套、活塞、气门等部件表面积炭过多，影响散热，使机油温度过高。排除方法为彻底清除积炭。

（8）主轴颈、连杆轴颈与瓦的间隙过小，润滑油膜不易形成，润滑条件变坏，摩擦增加，致使机油温度上升。主轴颈、连杆轴颈与瓦的配合间隙过大，油膜被破坏，油温也会升高。排除方法为控制主轴颈、连杆轴颈与瓦的间隙。

（9）曲轴箱通气孔堵塞，影响曲轴箱散热，使曲轴箱压力增大，温度升高，导致油温升高。排除方法为经常疏通通气孔。

九、柴油发动机“飞车”的原因及排除方法

1. “飞车”现象

“飞车”时，柴油机会出现声音异常、震动强烈和排气管冒黑烟等现象。

2. “飞车”的原因

“飞车”现象的实质是喷油泵调速器作用失灵，供油量不能随着负荷的变化而变化，或是因气缸内进入了额外的燃油或过多的机油，使燃烧产生的动力大大超过柴油机的运转阻力。柴油机工作失去平衡，转速不受控制而急剧升高。造成“飞车”的原因有：

（1）喷油泵柱塞在最大供油量位置卡滞，或柱塞转动不灵活。

（2）供油拉杆及调速器运动件卡滞或配合间隙过

大，导致作用滞后。

（3）柱塞调节臂从供油拉杆调节叉中脱出。

（4）柱塞定位螺钉拧入过多，回油不畅。

（5）空气滤清器内油盆喷油面过高。

（6）调速器润滑油过多或润滑油黏度过大。

3. 排除方法

一旦发生“飞车”，应立即采取措施，迫使柴油机迅速熄火。其排除方法为：

（1）把油门拉至停供位置，并关闭油箱开关。

（2）拧松高压油管，迅速切断供油。

（3）用衣物将空气滤清器包裹严实，或迅速拆卸空气滤清器罩帽，堵死进气管，阻止空气进入气缸。

发生“飞车”的车辆，应送修理厂查明原因并及时修理。

第五节　电动机

电动机是利用电磁感应原理，将电能转换为机械能并拖动生产机械工作的动力机。电动机广泛用作农业生产中排灌、脱粒和农产品加工机械的动力。

电动机按使用电源的相数不同可以分为三相电动机和单相电动机。在三相电动机中，鼠笼式电动机结构简单、价格低廉、运行可靠，使用极为广泛（图 1－13）。

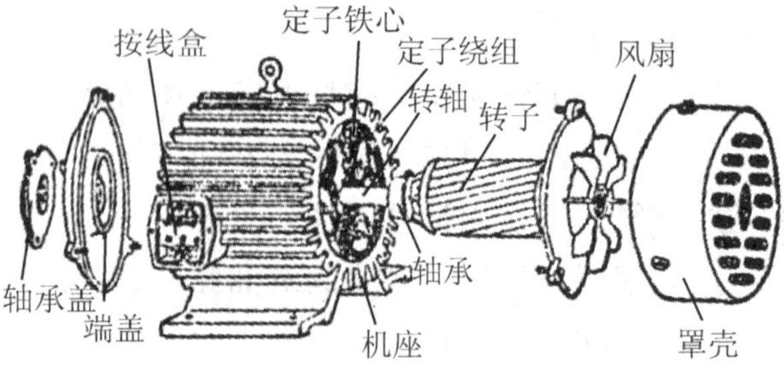

图 1－13　三相鼠笼式电机结构

一、电动机的结构

三相异步电动机分成两个基本部分：定子（固定部分）和转子。

（一）定子（静止部分）

1. 定子铁心

作用：定子铁心为电机磁路的一部分，并在其上放置定子绕组。

构造：定子铁心一般由 0.35～0.5 mm 厚，表面具有绝缘层的硅钢片冲制、叠压而成，在铁心的内圆冲有均匀分布的槽，用以嵌放定子绕组。

定子铁心槽型有以下几种：

半闭口型槽：半闭口型槽的电动机的效率和功率因数较高，但绕组嵌线和绝缘都较困难。一般用于小型低压电机中。

半开口型槽：半开口型槽可嵌放成型绕组，一般用于大型、中型低压电机。所谓成型绕组即绕组可事先经过绝缘处理后再放入槽内。

开口型槽：开口型槽用以嵌放成型绕组，绝缘方法方便，主要用在高压电机中。

2. 定子绕组

作用：定子绕组是电动机的电路部分，通入三相交流电，产生旋转磁场。

构造：定子绕组由三个在空间互隔 120°电角度、对称排列的结构完全相同的绕组连接而成，这些绕组的各个线圈按一定规律分别嵌放在定子各槽内。

定子绕组的主要绝缘项目有以下三种（保证绕组的各导电部分与铁心间的可靠绝缘以及绕组本身间的可靠绝缘）：

（1）对地绝缘：定子绕组整体与定子铁心间的绝缘。

（2）相间绝缘：各相定子绕组间的绝缘。

（3）匝间绝缘：每相定子绕组各线匝间的绝缘。

电动机接线盒内的接线：电动机接线盒内都有 1 块接线板，三相绕组的 6 个线头排成上下两排，并规定上排 3 个接线桩自左至右排列的编号为 1（U_1）、2（V_1）、3（W_1），下排 3 个接线桩自左至右排列的编号为 6（W_2）、4（U_2）、5（V_2），将三相绕组接成星形或三角形。凡制造和维修时均应按这个序号排列。

3. 机座

作用：固定定子铁心与前后端盖以支撑转子，并起防护、散热等作用。

构造：机座通常为铸铁件，大型异步电动机机座一般用钢板焊成，微型电动机的机座采用铸铝件。封闭式电机的机座外面有散热筋以增加散热面积，防护式电机的机座两端端盖开有通风孔，使电动机内外的空气可直接对流，以利于散热。

（二）转子（旋转部分）

1. 三相异步电动机的转子铁心

作用：转子铁心可作为电机磁路的一部分以及在铁心槽内放置转子绕组。

构造：转子铁心所用材料与定子一样，由0.5 mm厚的硅钢片冲制、叠压而成，硅钢片外圆冲有均匀分布的孔，用来安置转子绕组。通常用定子铁心冲落后的硅钢片内圆来冲制转子铁心。一般小型异步电动机的转子铁心直接压装在转轴上，大、中型异步电动机（转子直径在300～400 mm以上）的转子铁心则借助于转子支架压在转轴上。

2. 三相异步电动机的转子绕组

作用：转子绕组用以切割定子旋转磁场产生感应电动势及电流，并形成电磁转矩而使电动机旋转。

构造：转子绕组可分为鼠笼式转子和绕线式转子。

（1）鼠笼式转子：转子绕组由插入转子槽中的多根导条和两个环行的端环组成。若去掉转子铁心，整个绕组的外形像一个鼠笼，故称笼型绕组。小型笼型电动机采用铸铝转子绕组，对于100 kW以上的电动机采用铜条和铜端环焊接而成。

（2）绕线式转子：绕线转子绕组与定子绕组相似，也是一个对称的三相绕组，一般接成星形，三个出线头接到转轴的三个集流环上，再通过电刷与外电路连接。

特点：绕线式转子结构较复杂，故绕线式电动机的应用不如鼠笼式电动机广泛。但通过集流环和电刷在转子绕组回路中串入附加电阻等元件，用以改善异步电动机的启、制动性能及调速性能，故在要求一定范围内进行平滑调速的设备，如吊车、电梯、空气压缩机等上面采用。

（三）三相异步电动机的其他附件

1. 端盖：端盖起支撑作用。

2. 轴承：轴承用来连接转动部分与不动部分。

3. 轴承端盖：轴承端盖用以保护轴承。

4. 风扇：风扇用以冷却电动机。

二、鼠笼式电动机的铭牌

要正确使用电动机，必须看懂铭牌。Y112M－4型电动机的铭牌数据及意义如表1－1。

表1－1 电动机的铭牌

三相异步电动机		
型号 Y112M－4	功率 4kW	频率 50Hz
电压 380V	电流 8.6A	接法△
转速 1440 r/min	绝缘等级 A	工作方式 连续
温升 60℃	功率因数 0.85	重量 59kg
年 月	编号	××电机厂

1. 型号

为了适应不同用途和不同工作环境的需要，电动机制成不同的系列，每种系列用各种型号表示。型号说明如下：

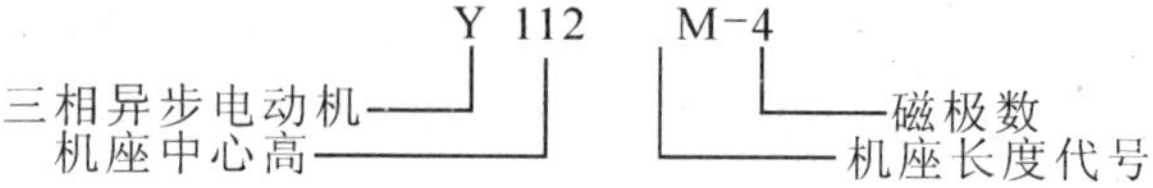

三相异步电动机机座长度代号表示为：S——短机座；M——中机座；L——长机座。

三相异步电动机产品名称代号如表 1－2 所示。

表 1－2　异步电动机产品名称代号

产品名称	新代号	汉字意义	老代号
异步电动机	Y	异	J、JO
绕线式异步电动机	YR	异绕	JR、JRO
防爆型异步电动机	YV	异爆	JV、JVO
高启动转矩异步电动机	YQ	异起	JQ、JQO

上表中，小型 Y 系列鼠笼式异步电动机是取代 JO 系列的新产品，是封闭自扇冷式。Y 系列定子绕组为铜线，此外还有 Y－L 系列鼠笼式异步电动机，其定子绕组为铝线。电动机功率取值范围是 0.55 ~ 90 kW。同样功率的电动机，Y 系列比 JO 系列体积小、重量轻、效率高。

2. 电压

铭牌上所标的电压值是指电动机在额定运行时定子绕组上应加的线的电压有效值。三相异步电动机的额定电压有 380 V、3000 V 及 6000 V 等多种。一般规定电动机的工作电压不应高于或低于额定值的 5%。

当电压高于额定电压值时，磁通量将增大（因 $U \approx 4.44fN\Phi$）。磁通的增大又将引起励磁电流的增大（由于磁饱和，可能增得很大）。这样可使铁损（与磁通平方成正比）增加，铁芯发热。但常见的情况是电压低于额定值。这时引起转速下降，电流增加。如果在满载或接近满载的情况下，电流的增加将超过额定电流值，使绕组过热。在低于额定电压下运行时，和电压平方成正比的最大转矩 T_{max} 会显著地降低，这对电动机运行也不利。

3. 电流

铭牌上所标的电流值是指电动机在额定运行时定子绕组的线电流有效值。当电动机空载时，转子转速接近于旋转磁场的转速，两者之间相对转速很小，所以转子电流近似为零，这时定子电流几乎全是建立旋转磁场的励磁电流。当输出功率增大时，转子电流和定子电流都相应增大。

4. 功率与效率

铭牌上所标的功率值是指电动机在额定运行时轴上输出的机械功率值。输出功率与输入功率不等，其差值等于电动机本身的损耗功率，包括铜损、铁损及机械损耗等。以 Y112M－4 型电动机为例：

输入功率 $P_1 = U_1 I_1 \cos \varnothing = 380 \times 8.6 \times 0.85 = 2.8$ kW

输出功率 $P_2=4$ kW

效率 $\eta=P_2/P_1=(2.8/4)\times100\%=70\%$

一般鼠笼式电动机在额定运行时的效率为 72% ~ 93%。在额定功率的 75%左右时效率最高。

5. 功率因数

因为电动机是感性负载，定子相电流比相电压滞后一个∅角，cos∅就是电动机的功率因数。三相异步电动机的功率因数较低，在额定负载时为 0.7 ~ 0.9，而在轻载和空载时更低，空载时只有 0.2 ~ 0.3。因此必须正确选择电动机的容量，防止“大马拉小车”，并力求缩短空载的时间。

6. 转速

由于电动机的负载对转速要求不同，需要生产不同磁极数的异步电动机，因此有不同的转速等级。最常用的是四极电动机，其同步转速 $n_0=1500$ r/min。

7. 温升与绝缘等级

电动机运行中，部分电能转换成热能，使电动机温度升高，经过一定时间，电能转换的热能与机身散发的热能平衡，机身温度达到稳定，此时机身温度与环境温度之差叫电动机温升。

绝缘等级是指电动机绕组所用绝缘材料按它的允许耐热程度规定的等级，如表 1-3：

表 1－3　绝缘等级及其最高允许温度

绝缘等级	Y 级	A 级	E 级	B 级	F 级	H 级	C 级
最高允许温度（℃）	90	105	120	130	155	180	180 以上

8. 接法（图 1－14）

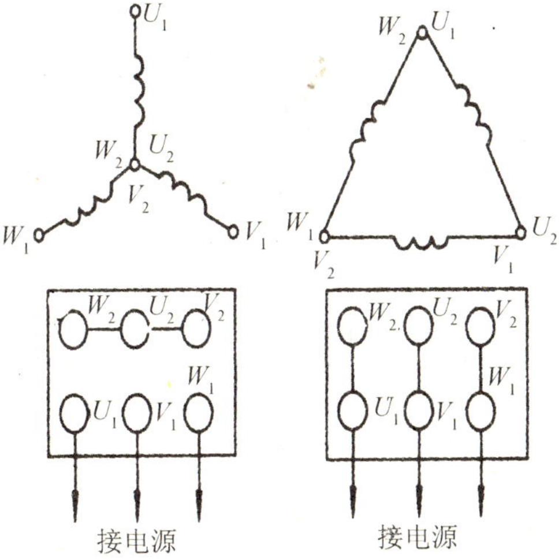

a.星形(Y)连接　　b.三角形(△)连接

图 1－14　定子绕组的接线盒连接方法

三、三相电动机的运行维护

（一）启动检查与运行维护

1. 启动检查

启动检查包括：（1）安全检查；（2）绝缘电阻检查；（3）测量各相直流电阻；（4）电源检查；（5）启动保护措施检查；（6）清理电机周围杂物，准备好后方可合闸启动。

2. 启动监视

（1）合闸后，若电机不转，应迅速果断地拉闸，以免烧毁电机。

（2）电机启动后，应及时观察电机状态，若有异常情况，应立即停机，待查明故障并排除后，才能重新合闸启动。

（3）鼠笼电机采用全压启动时，次数不宜过于频繁，对于功率过大的电机要随时注意电机的温升。

（4）绕线转子电机启动前，应注意检查启动电阻，必须保证接入。接入电源后，随着启动，电机转速增加，应逐步切除各级电阻。

（5）当多台电动机由同一台变压器供电时，尽量不要同时启动，在必须首先满足农艺启动顺序要求下，最好是从大到小逐台启动。

3. 运行监视

发生以下严重故障时，应立即停车处理：（1）人员触电事故；（2）电动机冒烟；（3）电动机剧烈振动；（4）电动机轴承剧烈发热；（5）电动机转速迅速下降，温度迅速上升。

（二）三相异步电动机的定期维修

1. 异步电动机拆卸

异步电动机拆卸的基本步骤：（1）卸下前轴承外盖；（2）卸下前端盖；（3）卸下风罩；（4）卸下外风扇；（5）卸下后轴承外盖；（6）卸下后端盖；（7）抽出转子，对于大中型电机抽转子时应两人操作，不应划伤定子，特别注意不应损伤定子绕组端口；（8）卸下轴承及轴承内盖。

2. 定期大修的主要内容

（1）检查电动机各部件有无机械损伤，按损伤程度做出相应的修理方案；

（2）对拆开的电机和电气设备，进行清理，清除所有油泥、污垢；

（3）拆下轴承，浸在柴油或汽油里清洗一遍；

（4）检查定、转子有无变形和磨损；

（5）用兆欧表测定定子绕组有无短路与绝缘损坏，根据故障程度做相应处理；

（6）对各项检查修复后，对电机进行装配；

（7）装配完毕的电动机，应进行必要的测试，各项指标符合要求后，就可启动试运行观察；

（8）各项运行记录都表明达到技术要求时，方可带负载投入使用。

3. 定期小修

定期小修是对电机的一般清理与检查，应经常进行。基本内容包括：

（1）清查电动机外壳，除去运行中积累的污垢；

（2）测量电动机绝缘电阻，测量后应注意重新接好线，拧紧接线头螺母；

（3）检查电动机与接地是否坚固；

（4）检查电动机盖、地角螺丝是否坚固；

（5）检查与负载机械之间的传动装置是否良好；

（6）拆下端盖，检查润滑介质是否变脏、干涸，并及时加油、换油；

（7）检查电动机的附属启动和保护是否完好。

第二章 拖拉机

第一节 拖拉机的分类及型号

一、拖拉机的分类

拖拉机可分为农业用和工业用两大类，农用拖拉机按其用途又可分为：

一般用途拖拉机：用于一般农田作物的田间耕地、耙地、播种、收割等作业。

特殊用途拖拉机：为满足特殊的农业工作需要而设计的拖拉机。如中耕拖拉机、棉田高地隙拖拉机、集材拖拉机等。

拖拉机按外观结构可分为手扶式拖拉机、轮式拖拉机、船式拖拉机、履带式拖拉机四种类型。

拖拉机按功率大小又可分为大

型拖拉机、中型拖拉机、小型拖拉机三种类型。

二、拖拉机的型号

我国拖拉机的型号是根据1979年12月原农业机械部颁布的《NJ189－79拖拉机型号编制规则》确定的。根据该规定，拖拉机的型号由功率代号和特征代号两部分组成，必要时加注区别标志。特征代号分为字母符号和数字符号，其排列顺序为：

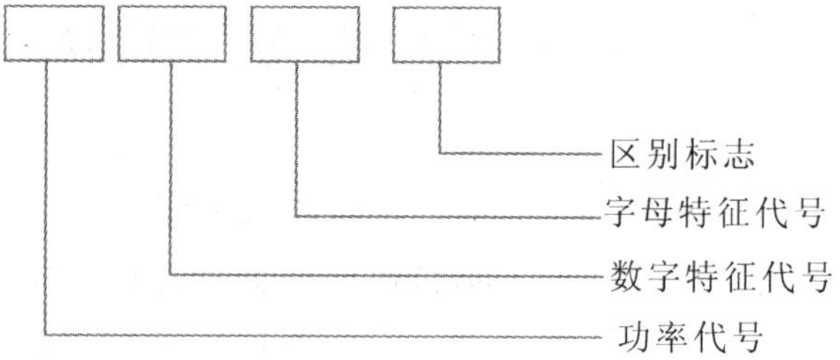

1. 区别标志

区别标志用1～2位数字表示，以区别不适宜用功率代号、特征代号相区别的机型。凡特征代号以数字结尾的，如一般农用拖拉机，在区别标志前应加一短横线，与前面数字隔开。

2. 特征代号

特征代号根据拖拉机机型特征在下列数字符号和字母符号中各选一项且只能选一项表示。如必须选用其他数字或字母作特征代号时，应经主管部门批准。

（1）字母符号

CA——菜地用；CI——茶园用；G——工业用；

GU——果园用；H——高地隙用；L——林业用；

M——棉田用；P——葡萄园用；S——山地用；

Y——静液压驱动；Z——沼泽地用。

（2）数字符号

0——一般轮式；1——手扶式；

2——履带式；3——三轮式、双前轮并置式；

4——四轮驱动式；

……

9——机耕船。

（3）功率代号

功率代号用发动机标定功率值的整数部分表示。我国规定使用法定计量单位，拖拉机的功率用“kW”表示。但由于当时我国尚未颁布法定计量单位，功率的值仍用“马力”（1 马力 =0.7355 kW）。

型号示例：

121：12 马力（8.83 kW）左右的手扶式拖拉机；

200GU：20 马力（14.7 kW）左右的果园用轮式拖拉机；

504：50 马力（36.78 kW）左右的轮式拖拉机，四轮驱动；

1254H：125 马力（92 kW）左右高地隙轮式拖拉机，四轮驱动；

500－1：50 马力（36.78 kW）左右的轮式拖拉机（区别于已有 500 型的另一机型）。

第二节　拖拉机的基本构造

拖拉机主要由发动机、底盘、电气设备三大部分组成。发动机在前一章已经讲述，本节着重讲述底盘和电气设备两部分。

一、底盘

底盘是拖拉机的骨架或支撑，是拖拉机上除发动机和电气设备外的所有装置和系统的总称。底盘主要由传动系统、转向系统、行走系统、制动系统和工作装置等几部分组成。

1. 传动系统

传动系统是将发动机的动力传给拖拉机的驱动轮，使拖拉机获得行驶的速度和牵引力，推动拖拉机前进、倒退和停车。

传动系统包括离合器、变速箱、后桥、万向节传动轴等。

（1）离合器：离合器安装在发动机的飞轮后面，其功用是：在换挡和停车时，能切断发动机与传动装置之间的动力；拖拉机起步和行驶时，能平稳结合发动机与传动装置间的动力；拖拉机遇到过大阻力时，离合器便发生打滑，以免损坏传动系统零件，起安全保护作用。

离合器可分为液压式、牙嵌式和摩擦式，目前拖拉机普遍采用的是摩擦式离合器。其利用被压紧的摩擦圆盘之间产生摩擦力来传递扭矩。摩擦式离合器由主动部分、从动部分、压紧机构和操纵机构组成。按摩擦表面的工作条件分为干式和湿式；按作用分为单作业式和双作用式；按摩擦片数分为单片式、双片式和多片式；按对摩擦面加压的方式分为弹簧加压式和杠杆加压式。其如图 2－1 所示：

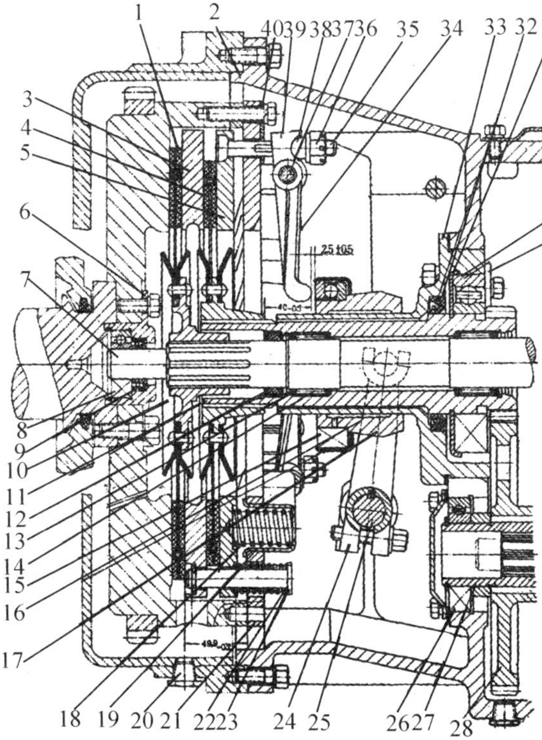

图 2－1　离合器结构图

1. 主离合器从动盘总成 2. 离合器壳体 3. 主压盘 4. 副离合器从动盘总成 5. 副压盘 6. 前轴承座 7. 主离合器轴 8. 向心球轴承（205） 9. 自紧油封 10. 挡油盘 11. 离心器空心轴 12. 毛毡油封 13. 挡圈 14. 滚针轴承 15. 推力球轴承 16. 推力球轴承外罩 17. 分离滑套体 18. 副压盘弹簧 19. 负压盘弹簧座 20. 放油螺塞 21. 压力弹簧支承板 22. 主压盘弹簧 23. 主压盘弹簧销 24. 拨叉 25. 拨叉轴 26. 从动轴向心球轴承（210） 27. 从动轴 28. 从动齿轮 29. 后轴承座轴承压板 30. 后轴承座向心球轴承 31. 挡圈 32. 自紧油封（80×105×12） 33. 后轴承座 34. 分离杠杆弹簧 35. 分离杠杆 36. 分离杠杆调整螺母 37. 分离杠杆销 38. 调整螺母座 39. 分离杠杆 40. 分离杠杆限动片 41. 方头销 42. 挡销 43. 支承螺栓座 44. 支承螺栓

（2）变速箱：变速箱的功用是：增扭减速，变扭变速，改变车辆的驱动力和行驶速度；实现空挡，使拖拉机在发动机不熄火的情况下长时间停车，同时也为发动机顺利启动创造条件；实现倒挡；以及对外输出动力。

拖拉机采用齿轮式有级变速箱，它是利用各轴上的齿轮处于不同的啮合或非啮合状态来实现变速箱的功用。

被动齿轮的齿数 $Z_{被}$ 与主动齿轮的齿数 $Z_{主}$ 的比值叫做传动比，即 $i=Z_{被}/Z_{主}$。

当传动比 i 等于 1 时，为等速运动；传动比 i 大于 1 时，为减速传动；传动比 i 小于 1 时，为增速传动；拖拉机的变速箱各对齿轮一般是减速运动的。

（3）万向节传动轴：连接变速箱输出轴与后桥输入轴，互成夹角，保证能量的可靠传递。运输型拖拉机广泛采用普通十字轴刚性万向节。

（4）后桥：后桥是变速箱之后，驱动轮之前的所有传动机构及壳体的统称。它将变速箱输入的动力改变方向和增扭减速后传给驱动轮，传递和承受地面的推进力和其他反作用力，并使两侧驱动轮因道路条件以不同的转速转动。拖拉机的后桥一般由中央传动、差速器和最终传动器等组成。

①中央传动：中央传动被用来降低转速，增加驱动力矩并改变动力传递方向。

②差速器：差速器将大圆锥齿轮的扭矩平均分配给驱动轮，使两侧驱动轮差速转动，便于车辆的转向和减少轮胎的磨损。

③最终传动器：最终传动器是拖拉机最后一级减速装置，用以进一步增扭减速。

2. 行走系统

（1）功用和组成：轮式拖拉机的行走系统由车架、前桥、车轮和悬架组成。它将车辆组成一个整体，并把传动系统传递来的扭矩转化为牵引力，推动车辆行驶，支撑全车重量，承受车轮与地面间的各种力和力矩，减缓冲击和震动，保证车辆正常行驶。

（2）轮式车辆的行驶原理：发动机将动力传递给后桥，经半轴把驱动扭矩传给驱动轮，使驱动轮旋转，再通过驱动轮与地面的附着作用，产生车辆行驶的牵引力，克服各种阻力推动驱动轮向前滚动，使车辆向前行驶。

3. 转向系统

（1）转向系统的功用和组成：转向系统由转向操纵机构、转向器、转向传动机构和差速器组成。在车辆上形成一个转向力矩，改变车辆的行驶方向。

（2）转向原理：通过转动方向盘将导向轮相对机体偏转一个角度，在驱动轮的作用下，导向轮对地面有侧向力，地面对两导向轮产生侧向反作用力称为转向力，转向力对驱动轴线的中心点形成转向力矩，在转向力矩的作用下，使车辆绕转向中心沿圆弧方向行驶，从而实现车辆转向。

轮式拖拉机广泛采用的转向操纵机构形式如图2－2所示。

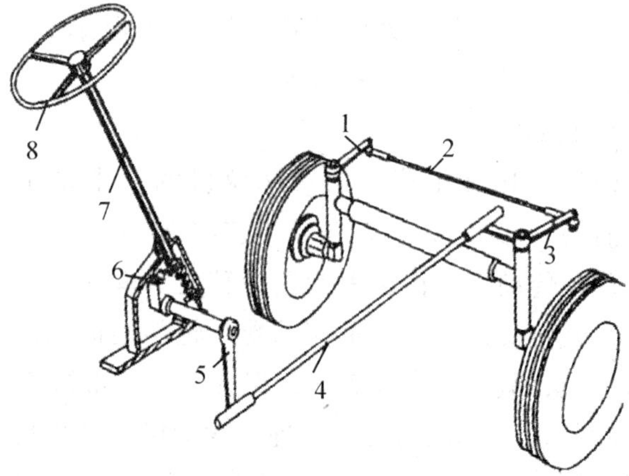

图2－2　轮式拖拉机转向操纵机构

1. 转向摇臂　2. 横拉杆　3. 转向拉杆　4. 纵拉杆　5. 转向垂臂　6. 转向器　7. 转向轴　8. 方向盘

4. 制动系统

（1）制动系统的功用：制动系统的功用表现为制动系统按照需要克服运动惯性使拖拉机减速或在最短距离内停车；下坡时限制车速；克服车辆在坡路上因重量而产生的向下滚动的分力，使拖拉机停靠在坡路上；协助或实现转向。

（2）制动系统的组成和类型：制动系统由产生制动作用的制动器和操纵制动器的传动机构组成（图

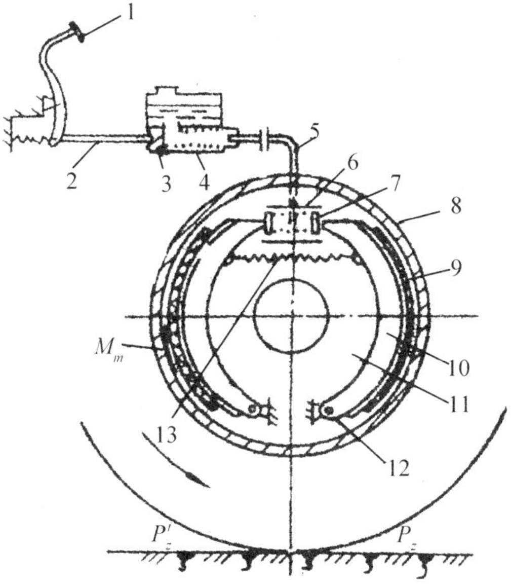

图 2－3　制动器的组成

1. 制动踏板　2. 推杆　3. 主缸活塞　4. 制动主缸　5. 油管　6. 制动轮缸　7. 轮缸活塞　8. 制动毂　9. 摩擦片　10. 制动蹄　11. 制动底板　12. 支承销　13. 制动蹄回位弹簧

2-3)。车辆上广泛采用摩擦式制动器，按其摩擦表面形状分为带式、蹄式（图2-4）和盘式三种。制动器是由旋转元件（如制动鼓、摩擦盘）和制动元件（如制动带、制动踏、制动压盘）等构成。操纵制动器的传动机构有机械式、气压式和液压式三种，拖拉机上广泛采用的是机械式，运输型拖拉机上一般采用气压式和液压式。

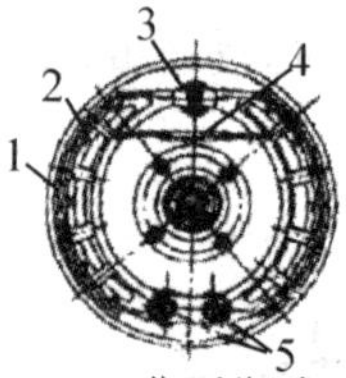

a.非平衡式

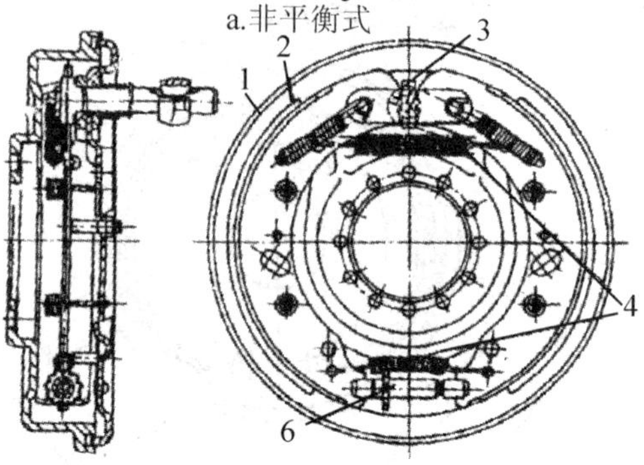

b.自动增力式

图2-4　蹄式制动器简图

1. 制动毂　2. 制动蹄　3. 制动凸轮　4. 回位弹簧　5. 偏心销　6. 连接杆

二、电气设备系统

1. 电气设备系统的组成

电气设备包括电源设备、用电设备和配电设备三部分。电源设备由蓄电池、发电机及其配用的调节器等组成；用电设备由启动电动机、点火、照明灯具、仪表及电喇叭等组成；配电设备由电源开关、保险丝和导线等组成。

2. 蓄电池

蓄电池是拖拉机上的电源之一，它的作用主要是在发动机启动时，供给电启动电动机所需的强大电流；在发电机电压不足或不发电时，协同发电机或单独对用电设备供电，蓄电池还可将发电机的电能转化为化学能储存起来，此过程称为充电。

3. 发电机

发电机是拖拉机电气系统的主要电源，除启动电动机外，所有用电设备均由它供电，并对蓄电池充电。拖拉机上采用的发电机有永磁交流、硅整流和一般直流发电机三种。

4. 启动电动机

拖拉机广泛采用直流启动电动机启动发动机。它主要分为机械式和电磁式两种。启动电动机安装在能与发动机飞轮齿圈相啮合的位置上。启动时，启动电动机电枢轴端头上的齿轮在操纵机构的作用下，与发动机飞轮上的齿圈啮合，电动机旋转时带动发动机飞轮旋转，从而启动发动机。

5. 调节器

调节器根据发电机的不同转速调节供给发电机的电流大小，稳定发电机的输出电压。

6. 电气设备系统的线路

（1）电气设备布线的一般原则：拖拉机上的电气设备，电源多采用低压、直流；用电设备与电源为并联连接；其线路连接多采用单线制。

①电流表串接在充电电路中，全车线路一般以电流表为界，电流表至蓄电池的线路称表前线路，电流表至调节器的线路称表后线路。

②电源开关是线路的总枢纽，电源开关的一端和电源相接，另一端分别接启动开关和用电设备。

③用电量大的用电设备（如启动电动机）接在电流表前，其用电电流不经过电流表。

④除电启动电动机外，所有用电设备都通过电源开关与电源并联在电流表之后，发电机工作正常时，用电设备由发电机供电，并经电流表向蓄电池充电，在发电机电压不足或不工作时，用电设备由蓄电池供电。

⑤蓄电池和发电机的搭铁极性必须一致，电流表接线应使充电时指针摆向“+”值方向，放电时摆在“-”值方向。

⑥备用电设备最好用保险器保护，总保险器串联在蓄电池到电流表的线路上。

（2）电路分析：拖拉机电路可分为充电电路、预热与启动电路、灯系与信号仪表电路及点火系电路。电流表是各分电路的中心，通过它把充电电路与其他各分电路联系起来成为总体电路。

①充电（电源）电路：充电电路由发电机、调节器、电流表和蓄电池组成。

②预热启动电路：预热启动电路由蓄电池、电流表、电源开关、启动开关、预热器、电启动电动机及电磁开关等组成。

③点火系电路：点火系电路由电源、点火开关、点火线圈、配电器、断电器、火花塞等组成。

④灯系信号仪表电路：它们都经电源开关与充电电路接通。

第三节　拖拉机的液压悬挂系统

一、拖拉机的液压悬挂装置的功用与组成

液压悬挂装置是液压提升和控制农机具的整套装置的统称。其功用是连接和牵引农机具；操纵农具的升降；控制农具的耕作深度和提升高度；传递能量使其他作业机械作业；增加拖拉机重量，改善拖拉机附着性能。

液压悬挂装置由液压系统、悬挂机构、操纵机构三部分组成。

1. 液压系统

液压系统是提升农具的动力装置，由液压泵、油缸、分配器等液压元件和附属装置组成。液压泵是将机械能转变为液压能的动力元件；油缸是将液压泵提供的液压能转变为升降农具机械能的执行元件；分配器是用以控制油流的方向、流量和压力，来满足不同工作情况需要的控制元件；附属装置包括油管、油箱和滤清器等。通过油管将各液压元件和油箱、滤清器按一定方式连接起来，构成液压系统。

2. 悬挂机构

悬挂机构用来连接农具，传递液压升降力和拖拉机对农具的牵引力，并使农具保持正确的工作位置。其主要由提升臂和一些杆件组成。按悬挂机构与机体的连接点数可分为两点悬挂和三点悬挂，大功率拖拉机常采用两点悬挂，中小功率拖拉机多采用三点悬挂。

3. 操纵机构

操纵机构用来操纵分配器的主控制阀，以控制油流的方向。它由手柄操纵机构和自动控制机构两部分组成。

二、悬挂机构

悬挂机构一般布置在拖拉机后面，称后悬挂。也有前悬挂、轴间悬挂、侧悬挂和综合悬挂。后悬挂机构如2－5 图所示由左右提升杆，左右下拉杆，上拉杆，左右提升臂，提升轴和内提升臂等组成。

农具与拖拉机三点悬挂，使农具相对拖拉机偏摆

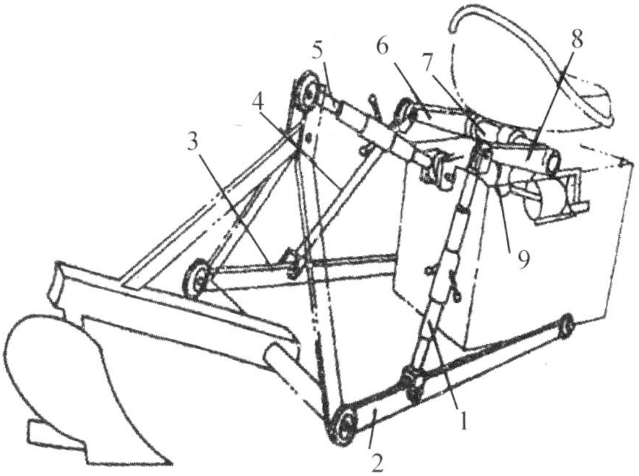

图2－5　悬挂机构的组成

1. 右提升杆　2. 右下拉杆　3. 左下拉杆　4. 左提升杆　5. 上拉杆　6. 左提升臂　7. 提升轴　8. 右提升臂　9. 内提升臂

较小，直线行驶稳定，但在作业中一旦发生走偏，机组的行驶方向不易矫正。大型拖拉机作业时通常采用两点悬挂，作业时农具相对拖拉机可做较大偏摆，能轻便地矫正行驶方向。东方红－80Z 型拖拉机便采用的两点悬挂。

三、液压系统

液压系统是用油液来传递和转换能量的一套机构。由拖拉机带动油泵产生高压油，经分配器引入油缸推动活塞运动，从而驱动工作装置。这种传动形式也称液压传动。液压系统主要由油泵、油缸、分配器三部分组成。油泵是动力主件，用来将拖拉机的机械能转换为有一定压力和流量的液压能，常见的油泵有齿轮泵和柱塞泵。油缸是执行元件，用来将液压能转换为缸中活塞有一定推力和运动速度的机械能。单作用式油缸只从活塞顶一侧进油和出油，农具提升时靠油压，下降时靠自重；双作用式油缸中活塞两侧都能进油和回油，农具可用油压提升和下降。分配器是控制元件，它通过各种阀门和传感机构控制油液的流动方向、流量和压力。阀门包括分配阀、回油阀、单向阀、安全阀、节流阀。分配器可以用手操纵和通过传感机构自动控制。此外还有些辅助元件包括油箱、滤清器、油管、接头等。如图 2－6 所示。

液压系统根据油泵、油缸、分配器三个主要元件的布置状况分为分置式液压系统、半分置式液压系统和整体式液压系统三种。

1. 分置式液压系统

分置式液压系统是将油泵、油缸、分配器及油箱分别安装在拖拉机的不同位置，相互间用油管连接。

2. 半分置式液压系统

半分置式液压系统结构基本与分置式液压系统相同。只是分配器和油缸装成为一个提升总成。

3. 整体式液压系统

整体式液压系统由滤清器、油泵、控制阀组成液压机构总成，固定在传动箱壳体的内壁上，并浸入传动箱壳体的油液中，利用齿轮油作为工作油液。

拖拉机一般为半分置式，采用三点后悬挂。耕深调节方法有力调节、位调节和高度调节。

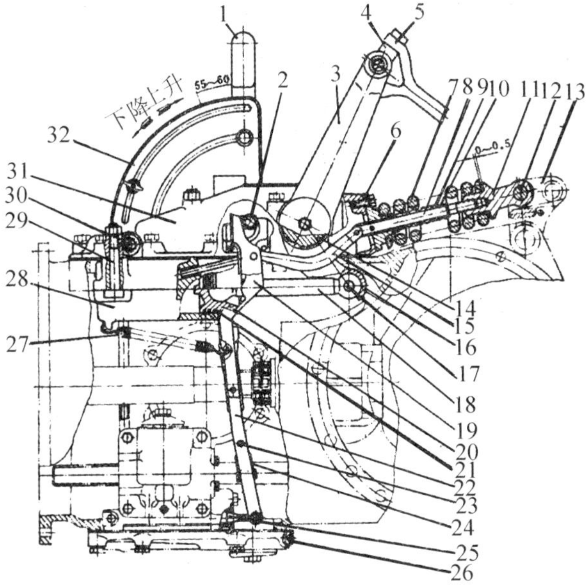

图2-6 液压系统结构图

1. 液压系统操纵手柄 2. 偏心轴 3. 外提升臂 4. 十字接头 5. 提升杆 6. 弹簧座 7. 力调节弹簧 8. 心轴 9. 橡皮套 10. 卡圈 11. 连接销筒 12. 销轴 13. 摇臂 14. 提升轴 15. 叉形杆 16. 内提升臂 17. 销钉 18. 连杆 19. 回转杆 20. 活塞 21. 活塞环 22. 拨杆 23. 螺钉 24. 固定器 25. 操纵阀 26. 接头螺塞 27. 回位弹簧 28. 液压油缸 29. 螺栓 30. 安全阀螺塞 31. 升降机构盖 32. 扇形板

第四节　拖拉机的维护保养

在机器正常使用期间，经过一定的时间间隔采取的检查、清洗、调整、紧固、润滑和修复等技术性措施的总和称为技术保养（维护保养）。这个时间间隔就称为保养周期。把保养周期、保养周期的计量单位以及保养内容用条例的形式固定下来就叫保养规程。

技术保养可分为：每日保养（班次保养）、一级技术保养、二级技术保养、三级技术保养和换季保养等。

一、每日保养（班次保养）

清除各部分的尘土和油污，检查各部分紧固螺钉有无松动，检查有无漏油、漏水、漏气现象，若有异常应及时排除；检查柴油机油底壳的油面的高度，不足时添加机油；检查水箱内水面，不足时加水；检查柴油箱内油量，不足时加油；检查各连接部件的牢靠性，对三漏（漏水、漏油、漏气）要查出原因及时排除；检查轮胎气压，必要时进行充气；进行下列各点润滑：前轮轴承（2 处）、前桥销轴（1 处）、转向节球头（4 处）、主销衬套（2 处）、转向涡轮（1 处）。

二、一级技术保养（行程 2000 ~ 2500 km）

一级技术保养的内容为：完成班次技术保养各项目；清除空气滤清器的灰尘，清洗柴油、机油滤清器和滤网，更换机油，加油时不超过规定量，以免引起“飞车”；检查左右半轴两端的螺母是否压紧制动毂；清除发电机及启动电动机电刷和整流器上的污垢；检查气缸盖和进、排气管是否有漏气现象；更换发动机冷却水，检查变速箱、后桥的齿轮油油面；检查方向盘自由行程、转向器间隙、手刹和脚制动器的蹄片间隙；检查蓄电池内电解液的密度和液面高度，不足时要及时补充，紧固导线接头，并涂上凡士林。

三、二级技术保养（行程 8000～10000 km）

二级技术保养的内容为：完成一级保养所规定的全部项目；清洗柴油机冷却水道，检查气缸压力，清除喷油器、燃烧室积炭；检查调整气门间隙，离合器分离杠杆与分离轴承的端面间隙；检查喷油器喷油压力及雾化质量；检查离合器三角皮带松紧度；检查传动箱、液压油箱油面高度；检查离合器踏板和制动器踏板自由行程；检查各处油封的密封情况；检查轮胎的胎面，将车轮调换位置。

四、三级技术保养（行程 2.4 万～2.8 万 km）

三级技术保养的内容为：完成二级技术保养各项目；清洗柴油箱、燃油管路、润滑油管路；清除柴油机活塞、活塞环、气缸和气缸盖上的积炭；检查气门座与气门密封的性能；检查前轮轴承的间隙；检查调整前轮前束；清除发动机内部油污、泥沙等；检查定子、转子的锈蚀情况，清除锈斑；检查调整发动机调节器、大灯光束；拆检传动箱、变速箱，检查万向节、各齿轮啮合情况及磨损情况；拆检钢板弹簧，除锈、整形并润滑；检查散热器，清除杂物；检查全部电气设备是否工作正常。

五、换季保养

1. 春季保养

（1）清除拖拉机各处的泥土、灰尘、油污。检查各排气孔是否畅通；如有堵塞将其疏通；

（2）检查各处零部件是否松动，特别是行走部分及各易松动部位要重新加固；

（3）检查转向、离合、制动等操纵装置及灯光是否可靠，检查三角皮带的张紧度是否合适；

（4）清洗柴油箱滤网、清洗柴油滤清器，保养空气滤清器；

（5）检查发动机、底盘等各处有无异常现象和不正常的响声，有无过热、漏油、漏水等现象，并及时排除。

（6）更换与气温相适应的机油和齿轮油，同时清洗机油集滤器，更换机油滤芯。放油时要趁热放净，最好用柴油清洗油底壳、油道和齿轮箱；

（7）检查气门间隙、供油时间、喷油质量，不合适时应即时调整；

（8）启动发动机使拖拉机工作，再全面检查各部分的工作情况，发现问题应及时排除，必要时需要进行修理。

2. 夏季保养

（1）避免长期曝晒雨淋；

（2）轮胎充气不宜过多；

（3）及时更换润滑油；

（4）热车不可骤加冷水；

（5）及时清洗冷却系统，防止漏水；

（6）保持蓄电池通气孔通畅。

3. 冬季保养

（1）注意拖拉机的清洗、调整和润滑；

（2）将燃油和润滑更换为冬季油；

（3）调整蓄电池；

（4）发动机启动前要加热水；

（5）夜间停车应放尽冷却水；

（6）严格遵守使用操作规程。

3. 拖拉机闲置期间的保养

（1）拖拉机应停放在车棚内，如条件不允许则放在露天保管，对易腐蚀部位应遮盖；

（2）拖拉机停放时，每台之间应保持适当距离，以便检查保养；

（3）拖拉机的保管处应放置防火用具；

（4）清除拖拉机上的泥土和油垢；

（5）添满燃油箱的燃油，放出冷却水，有水泵的发动机在放水后，还需摇转曲轴数圈；

（6）轮式拖拉机需将轮轴垫高，使轮胎离开地面；

（7）对需要润滑的各部位进行润滑；

（8）对各气缸的喷油嘴孔或电火花塞孔注入50～60 g的机油，再摇转曲轴数圈；

（9）蓄电池应卸下保管，存放在干燥的室内，按规定时间充电；

（10）放松减压机构，用木塞堵住排气口；

（11）露天保管时，磁电机、发电机和启动电动机需用防水布遮盖，三角皮带卸下入库保管；

（12）拖拉机所有未涂防蚀剂的金属表面，须涂上润滑油，以防锈蚀。对该补涂油漆处补涂上油漆；

（13）保管期间，每月至少摇转曲轴两次。

第五节　拖拉机的正确操作

正确掌握拖拉机的基本操作方法与驾驶知识是运用拖拉机进行农机作业的基础。

一、启动前的准备

1. 各种拖拉机在启动前都必须完成预定的技术保养，加足清洁燃油和冷却水；

2. 检查油底壳油面和轮胎气压，拧紧各部分螺栓和螺母；

3. 查看挡位，挡位应调至空挡；

4. 不使用液压系统时，应将液压泵传动手柄放在“分离”位置；

5. 检查燃油情况，检查变速箱、喷油泵等的润滑油情况；

6. 检查随车工具和备用件是否齐全，检查电器照明及信号灯是否完好。

二、拖拉机的起步

拖拉机启动方法分为人力启动、电力启动和启动机启动。发动机发动后，必须以中速空转暖车，机油压力保持在147 kPa以上，水温升至40℃左右时，即可开动拖拉机。当水温升至60℃左右时，拖拉机便可以开始负荷作业：

1. 离合器踏板踩到底，把变速杆挂到低挡上；

2. 慢慢松开离合器踏板，同时稍稍加大油门，使拖拉机平稳起步；

3. 油门的大小应根据拖拉机牵引的负荷大小来定；

4. 上坡起步时，先踩住制动，再踩下离合器踏板，挂低挡，然后利用手油门加大油门，同时慢慢松开离合器踏板，感觉离合器已部分接合上时，再慢慢松开制动器，此时制动器和离合器踏板是处于同时松开的过程，直到拖拉机慢慢起步行驶；

5. 下坡起步的操作方法与上坡的操作方法基本相同，只是油门应适当小些。

三、拖拉机的变速

拖拉机通过控制油门和换挡来实现变速。控制油门可实现小范围的变速，对于幅度大的变速通过换挡来完成。

拖拉机牵引负荷或起步、上坡、通过低洼不平的路面时，采用低速挡，以获得大的牵引力，拖拉机进行运输作业或负荷小的田间作业时，可选用高速挡，以提高生产率。

1. 低速挡换高速挡（加挡）

（1）松起加速踏板，踏下离合器踏板，将变速杆移入空挡位置（三个动作是同时进行）后，松开离合器踏板；

（2）再次踏下离合器踏板，同时将变速杆迅速挂入高一级挡位；

（3）松起离合器踏板至半联动位置的同时逐步踏下加速踏板，待离合器平稳接合后，稍快松起离合器踏板。

2. 高速挡换低速挡（减挡）

（1）松起加速踏板，踏下离合器踏板；

（2）松起离合器踏板同时迅速踏下并随后抬起加速踏板（即加油）；

（3）再次踏下离合器踏板，同时将变速杆挂入低一级挡位；

（4）松起离合器踏板至半联动位置的同时逐渐踏下加速踏板，待离合器平衡接合后，稍快松起离合器踏板。

四、拖拉机的转向

拖拉机任何情况下的转向都应在减速的过程中实现，先减速或换入低挡，再转向。转向的操作要点是：转大弯时，方向盘慢转慢回正，转小弯时，方向盘快转快回正；回转方向盘一定要在拖拉机转向结束前进行。

拖拉机牵引或悬挂农具转向时，一定要瞻前顾后。田间作业时，必须先将农具的工作部件升至地表以上后，才能进行拖拉机的转向操作。由于地面松软或滑溜造成地面与前轮的侧向附着力比较小，从而使方向盘转向发生困难时，可踩下转向一侧的制动踏板，通过单边制动来协助拖拉机转向。

五、差速锁的正确使用

拖拉机在行驶或作业过程中，若遇到陷入泥土或单边驱动打滑，拖拉机无法前进时，可接合差速锁使最终传动的两个从动齿轮强制性地同速转动，从而使两个驱动轮能同速转动，使左右驱动轴刚性连接，以同一转速驶出打滑地段。其具体操作步骤为：

（1）踩下主离合器踏板，操纵变速杆挂上低速挡；

（2）将油门操纵手柄扳至最大供油位置；

（3）右脚踩住差速锁操纵踏板；

（4）平顺地松开离合器踏板；

（5）出打滑地段后，松开差速锁。

六、拖拉机的倒车

倒车时应采用低速，遇到凸起地段时，可适当加大油门，一旦越过凸地段，马上减小油门，缓慢倒车。

1. 倒车起步时，要特别注意慢慢松开离合器踏板。倒车过程中必须注意前后，密切注意有无人员或障碍物；

2. 倒车挂接农机具或倒车入库时，要通过踩踏离合器踏板减速，协助完成倒车过程，并随时准备踩踏制动器踏板；

3. 倒车时的转向操作基本上与前进时的转向操作相同。

七、拖拉机的制动

拖拉机制动主要分为减速制动和停车制动。

减速制动的方法是首先减小油门，然后用脚间歇地踩踏制动踏板，使拖拉机行驶速度降低到要求的程度。

停车制动有预见性制动和紧急制动两种。

1. 预见性制动

预见性制动即拖拉机在行驶中，驾驶员根据地形，障碍、交通行人等实际情况，预先作出判断，有准备地进行停车。操作方法是首先采用减速制动，待拖拉机速度降到一定程度后，再分离离合器，并将制动器踏板完全踩到底，使拖拉机在预定地点停住。

2. 紧急制动

紧急制动是在非常情况下需要拖拉机立即停车时采用的制动操作。紧急制动对车辆轮胎、其他零件有损坏，同时往往由于左右制动力不一致，易造成车辆侧滑，在惯性的作用下，滑行一段距离后才能把车停住。因此紧急制动只有在不得已的情况下才能使用，一般不宜采用。

操作方法：把握方向盘，迅速放松加速踏板（迅速减小油门），并且同时迅速踏下制动器踏板和离合器踏板，同时拉紧手制动器操纵杆，使拖拉机在尽量短的距离内实现停车。

第三章
耕作机械

土壤耕作机械，是指对耕作层土壤进行加工整理的农业机械。其作用是为作物生长发育创造良好的土壤环境条件，以获得良好的经济效益。

土壤耕作机械的种类较多，根据耕作的深度和用途不同，可把土壤耕作机械分为两大类（图 3－1）。

随着机械化耕作技术的不断更新，目前四川省及我国南方各省区常用的土壤耕作机械主要包括铧式犁、旋耕机、秸秆还田机、灭茬机、机耕船及开沟、起垄等类机械。下面就铧式犁和旋耕机作重点介绍。

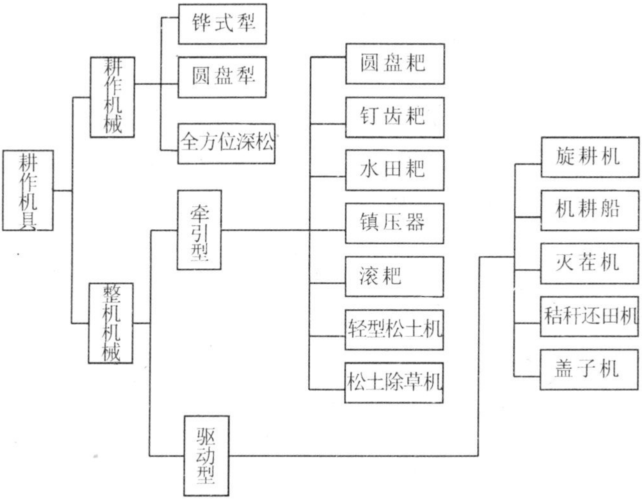

图 3－1　耕作机具的分类

第一节　铧式犁

一、铧式犁的概念及构造

以犁铧为其主要工作部件的犁，称为铧式犁。铧式犁（图 3－2a）一般由犁体、犁架、调节机构、牵引装置或挂接装置等几个主要部分构成。如图 3－2b 所示，耕作犁体的铧刃和胫刃分别自水平方向和铅垂方向将土壤切开，从而形成一宽为 b、深度为 a 的垡条。所谓“滚垡”即指在耕作过程中土垡的矩形横断面 $ABCD$，首先绕棱角 D 翻转至直立位置 $A'B'C'D'$，然后再绕棱角 C' 而翻转至最终位置 $A''B''C''D''$，直到与前趟已翻土垡相靠贴。除了用螺旋形犁体开垦草根密织的黏重荒地这样一种特殊情况外，在一般熟地耕作中，纯粹的滚垡是没有的。当土垡被铧刃完全切开后，棱角 D 总是或多或少地被抬离沟底，而且有一定的侧移。南方水田犁系列中的某些犁体，在耕作过程中，在土垡翻转的同时，还伴有一定的上窜，以达到架空晒垡的目的。

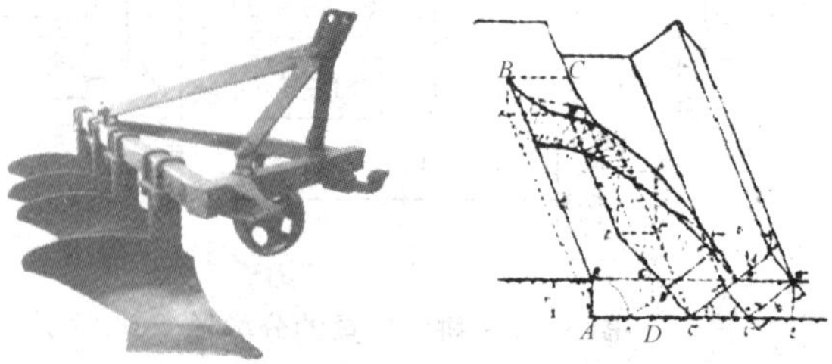

a.铧式犁结构　　b.铧式犁工作原理

图 3－2　铧式犁

二、铧式犁的挂结原则

我国南北方系列犁，在悬挂架上，上下悬挂点各有两个挂结孔位，更换孔位，可以得到四个瞬心。使用时应根据土壤条件、耕作要求、机组类型及其技术状态分析选用。一般情况下，用高度调节的机组，应首先满足入土性能的要求，并兼顾重量转移，以下悬挂点靠下挂，上悬挂点靠下或上挂为主。力调节机组，只取决于入土能力的需要，以下悬挂点靠上挂，上悬挂点靠上或下挂为主。

三、铧式犁的调整

铧式犁的调整主要指耕宽调整和耕幅调整，调整方法分别为：

1. 耕深调整

采用高度调节的悬挂犁，提高其限深轮的高度，则增加耕深；反之，则减少耕深。当犁达到预定耕深时，要求限深轮有适当的土壤支反力。

2. 耕宽调整

多铧犁的耕宽调整，就是改变第一铧犁实际的耕宽，使之符合规定要求。在犁耕中，因土壤条件，犁的技术状态或挂接调整不当等原因，造成第一铧耕宽偏大或偏小，形成重耕或漏耕、接垡不平、耕地质量降低等弊病，所以需进行耕宽调整。悬挂犁的耕宽调整是通过改变下悬挂点与犁架的相对位置，使犁侧板与机组前进方向成一倾角来实现的。

第二节　旋耕机

旋耕机是一种由动力驱动的耕地机械，其工作原理是旋转的刀片切削土壤，并将切下的土块向后抛掷与挡泥罩和平土板相撞击，使土块进一步破碎后再落到地面，因而旋耕后碎土充分，地面平坦，可一次完成耕、耙作业。这样既不误农时，又节约了动力，降低了耕地费用，因此旋耕机已被广泛应用。旋耕机可固定安装在手扶拖拉机上，也可与轮式拖拉机或履带式拖拉机悬挂连接，两者的工作部件基本相同。

一、旋耕机的分类

（一）手扶拖拉机的旋耕机

手扶拖拉机的旋耕机可直接安装在变速箱的后面，柴油机的动力经手扶拖拉机变速箱内的传动齿轮，带动刀轴旋转而使旋耕机刀片工作。机架由旋耕机变速箱体、左右主梁、刀轴传动箱及侧板等组成。旋耕机变速箱用螺钉固定在拖拉机变速箱上。用拨叉移动离合套，使其与某一侧的齿轮啮合就能改变刀轴的转速，从而高速或低速旋转，进行工作（图3－3）。

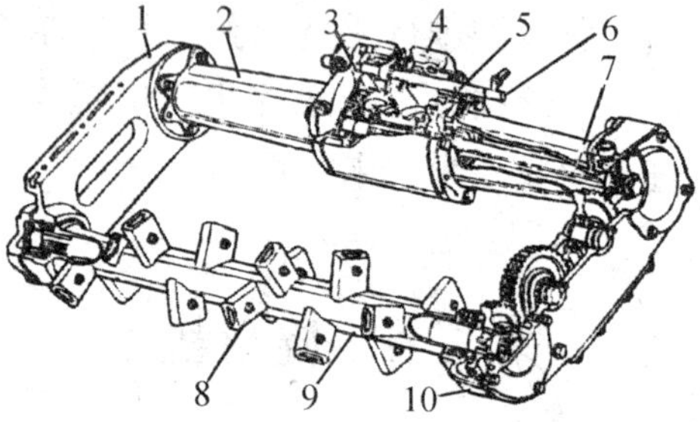

图3－3　手扶拖拉机旋耕机的机架和传动系统

1. 侧板　2. 主梁　3. 慢挡齿轮　4. 刀轴变速齿箱　5. 快挡齿轮　6. 拨叉　7. 刀片传动轴　8. 刀座　9. 刀轴　10. 齿轮箱

也有的手扶拖拉机旋耕机的传动系统采用链条和链轮传动，功力由手扶拖拉机变速箱传出后，经传动轴链轮及链条带动刀轴工作。刀轴转速的改变是通过调换刀轴及传动轴上链轮的方法，使刀轴获得高、低两种转速。

（二）轮式拖拉机的旋耕机

轮式拖拉机所使用的旋耕机分为三点悬挂式和直接连接式两种，其中以三点悬挂式应用最多（图 3－4）。

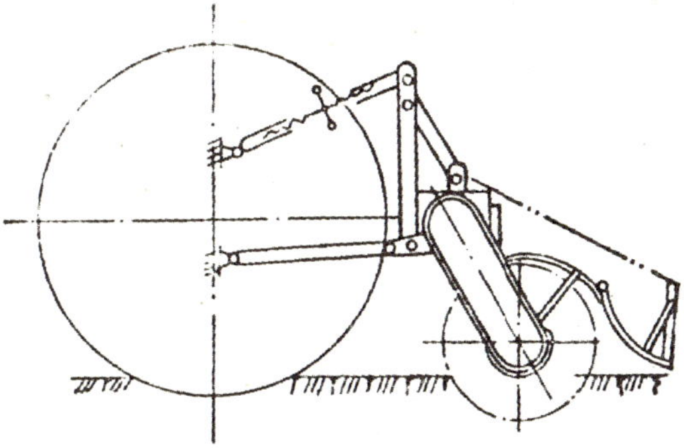

a. 三点悬挂式

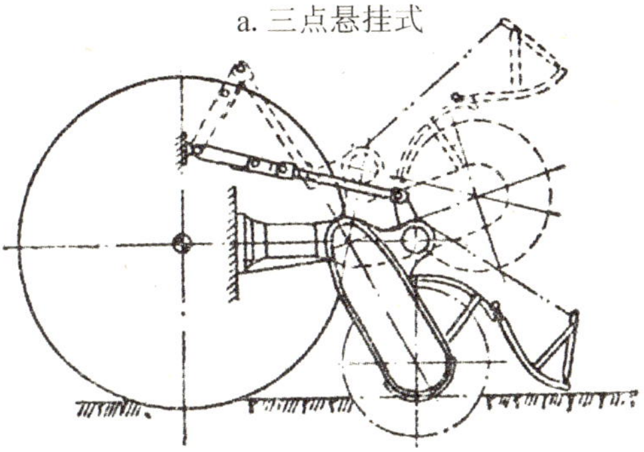

b.直接连接式

图 3－4　旋耕机的连接方法

三点悬挂式的悬挂装置及升降方法，与铧式犁相同，并由动力输出轴通过万向节轴传递动力，带动刀轴工作。直接连接式是用螺钉直接固定到拖拉机后桥上，动力是由动力输出轴通过离合器（或联轴节）带动刀轴工作。旋耕机的升降虽然也由拖拉机的液压操纵手柄控制，但齿轮箱及主梁是固定不动的，仅旋耕部分绕主梁回转，使刀轴升起或落下。现以三点悬挂式旋耕机为例，介绍其主要构造。

三点悬挂式旋耕机的机架由悬挂架、左、右主梁、右支臂、齿轮箱、链轮箱、挡泥罩、拖板、防磨板、撑杆、刀轴和刀片等组成（图 3－5）。

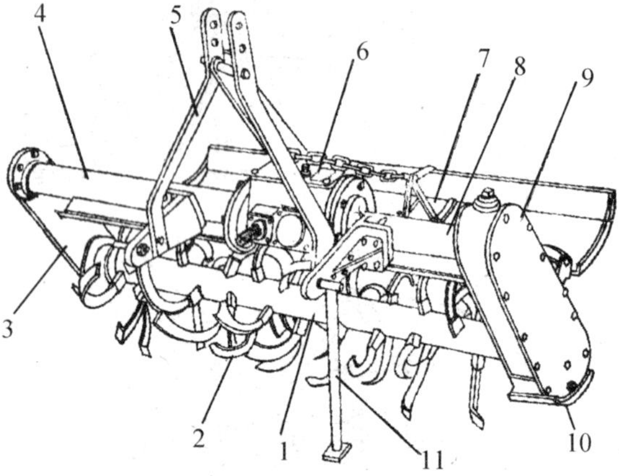

图 3－5　三点悬挂式旋耕机

1. 刀轴　2. 刀片　3. 右支臂　4. 右主梁　5. 悬挂架　6. 齿轮箱　7. 罩壳　8. 左主梁　9. 链轮箱　10. 防磨板　11. 撑杆

挡泥罩由薄铁板制成并弯成弧形，固定在旋耕刀的上方。其作用是挡住旋耕土块，将其进一步碰碎，同时还可保护机手安全。

位于旋耕机后面的平地拖板由薄铁板制成。其前端铰接在挡泥罩上，后端用链条连接到悬挂架上，这样便可调整拖板的离地高度，起到增加碎土和平整土地的作用。

旋耕机刀轴的速度是可以调整的，变换齿轮箱内的两个圆柱齿轮的相互位置，或换装另一对圆柱齿轮，可使刀轴获得不同的转速。

在链轮箱的下部装有链条张紧器，用于调整传动链条的张紧度。链条张紧器由链条张紧滑板、压缩弹簧、弹簧内套筒和弹簧组成。

旋转外套筒使其旋入套筒座可以改变链条的张紧度，链条张紧度调整合适后，把圆螺母锁紧并旋上防泥帽。

万向节轴是传递动力的部件，它由活节夹叉、插销、十字节、方轴夹叉、方轴及方套管夹叉等组成（图3－6）。

为了适应旋耕机的升降及深浅调节的需要，方轴可在方套内自由伸缩，并能继续传递动力。万向节轴安装时应使两端的方轴及套的夹叉位于同一平面内，如果不在同一平面内，则万向节轴在工作过程中会产生强烈震动并伴有杂声，所以在安装时应特别注意。安装完毕后应将两端插销插入花键的凹槽内并用开口销锁好，以防止夹叉甩出造成事故。

二、旋耕机的刀片

旋耕刀片（又叫犁刀、刀齿）是各类旋耕机的主要工作部件，用螺栓固定在焊有刀座的刀轴上，随刀轴一起旋转，起着切土和碎土的作用。刀片有凿形刀及弯刀片等类型，但以弯刀片使用最为普遍

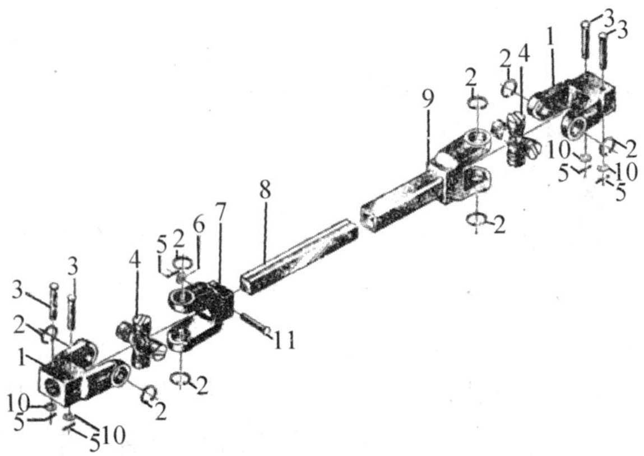

图3-6　万向节轴

1. 活节夹叉　2. 卡簧　3. 插销　4. 十字节　5. 开口销　7. 方轴夹叉　8. 方轴　9. 方套管夹叉　10. 活节夹　11. 销子

(图3-7)。凿形刀齿适用于开垦荒地及黏土地。弯形刀片有较长的刃口，刀尖有左弯和右弯两种。为适应不同耕作的需要，每台旋耕机都配有数量相同的左弯和右弯刀片。由于弯刀片刃口弯曲成弧形，缠草现象较少，适于在水田及潮湿地耕作。

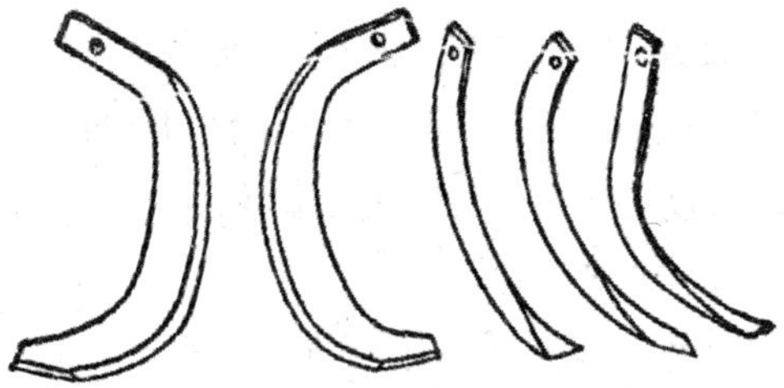

图3-7　旋耕机刀片

旋耕机在工作中刀片的入土顺序是交错进行的，且左、右刀片对称入土，这样不易发生漏耕与堵塞，并使旋耕刀轴受力均匀。

三、旋耕机耕作安装及试耕调整

（一）旋耕机耕作安装

旋耕机犁刀形式，通常有直钩犁刀和弯犁刀两种。直钩犁刀入土阻力小，但翻土性能差，易缠草，故宜用于土质较硬、杂草较少的土地上耕作。弯犁刀翻土和碎土性能较好，适用于水田和较潮湿松软的旱熟地上耕作。直钩犁刀消耗功率小，弯犁刀消耗功率大。

直钩犁刀的安装没有特殊要求，依次安装在刀轴上即可，安装须紧固。

弯犁刀分左弯、右弯两种。其安装方法对耕后地表的平整影响较大。安装时，需根据不同的耕作要求选择安装方法：

1. 交错装法

左、右弯刀在刀轴上交错对称安装，刀轴左、右最外端的一把刀向里弯。这种安装，耕后地表面平整，适于平作。

2. 内装法

左、右弯刀片都朝向刀轴中间弯。这种安装，耕后地表中间微呈凸起，适于作畦前的耕作。

3. 外装法

左、右弯刀片都向刀轴两端弯，刀轴中间安装一左一右的刀片，刀轴左、右最外端的一把刀向里弯。这种安装，耕后地表在耕幅中间有一条浅沟。

安装刀片时应按顺序进行，并注意刀轴旋转方向，防止装错和装反，切忌使刀背入土，以免引起机件损坏。安装后还应全面检查一遍，方可投入作业。

（二）旋耕机试耕调整

调整与轮式拖拉机配套的旋耕机，其耕深由拖拉机的液压系统进行控制的。整体和半分置式液压系统应使用位置调节。分置式液压系统使用油缸活塞杆上的定位卡箍调节耕深，工作时操纵手柄放在“浮动”位置上。手扶拖拉机旋耕是通过改变尾轮的高低位置来调节耕深的。作业时机架应保持左右水平，前后位置使变速箱处于水平状态。其水平调整是通过悬挂装置的左右吊杆来调整的。当拖拉机的前进速度一定时，刀轴转速快，碎土性能好；刀轴转速慢，则碎土能力差。而刀轴转速一定时，拖拉机速度快，则土块粗大，通常用慢挡。要求土壤特别细碎或耕两遍时，可用快挡。旋耕作业耕头遍时，拖拉机用Ⅰ、Ⅱ挡；耕二遍时，可用Ⅲ挡。

四、旋耕机的维修保养和保管

（一）旋耕机的保养

旋耕机为动力驱动的机具，容易造成连接件的松动或损坏。同时，润滑点也较多，尤其是对水田作业的旋耕机，更要加强维护保养。主要保养内容如下：

1. 每班保养

（1）拧紧各连接部分的螺母或螺栓。

（2）检查万向节轴的插销、开口销是否缺损。如有缺损，则应及时补充或更换。

（3）检查齿轮箱或链轮箱油面，必要时添加机油。

（4）对万向节轴的十字轴及刀轴左、右轴承应加注润滑脂。

（5）清除轴承座、刀轴及机罩上的积泥与油污。

2. 1 号保养（100 小时）

（1）完成每班规定保养项目。

（2）检查齿轮箱或链轮箱齿轮油质量，如变质或铁屑多时应予更换（20 号齿轮油）。

（3）检查刀轴两端轴承是否因油封失效而进泥水，必要时应拆开清洗，安装时应加足润滑脂。

（4）检查万向节轴的十字轴是否因滚针磨损而松动，或是否有泥土落入，造成转动不灵活，必要时应拆开清洗并重新加满润滑脂。

（5）检查刀片是否过度磨损，必要时应拆下重新煅打磨刃或更换。

（6）对用链条传动的旋耕机，还应检查链片与销子铆接是否松弛，必要时应重铆或更换部分链片。此外，还应检查链条张紧器的弹簧是否失效，必要时应进行更换或调整。

（7）检查各传动部分漏油是否严重，必要时应更换油封。

3.2号保养（每季工作结束后进行）

（1）彻底清除旋耕机上的油泥。

（2）放出传动箱内的齿轮油，并清洗内部，然后加入新齿轮油。

（3）清洗刀轴两端轴承，检查油封，必要时进行更换，重新装回后应注入新润滑脂。

（4）拆下全部刀片，进行检查校正，然后涂上黄油保存起来。

（5）拆洗万向节轴总成，清洗十字轴滚针，必要时应更换。

（6）检查锥齿轮的啮合间隙，必要时应调整。

4. 主要工作部件检修

（1）弯刀：刃口磨钝的弯刀应重新磨锐，变形弯刀需加垫校正，然后淬火（刀柄部分不淬火），淬火弯刀硬度应为HRC50~55，如损坏，应换新件。

（2）刀座：刀座损坏多为脱焊、开裂或六角孔变形，对局部损坏的刀座可用焊条焊补，损坏严重的应予更换。但在焊接刀座时要注意刀轴变形。

（3）刀轴管：断裂刀轴管可在断裂处的管内放一段焊接性较好的圆钢，焊后应进行人工时效及整形校直，然后检查两端轴承挡，如超差太大，需更换没有花键一端的轴头，应以原花键端外径为基准加工新轴头，以保证刀轴转动的平衡灵活。

（二）旋耕机的保管

停放时，应使旋耕机着地，严禁悬挂停放。使用后，在保养作业结束后需长期存放时，应清除、洗净旋耕机外表泥土、缠草，更换传动箱内齿轮油，对各润滑部位进行润滑；拆下刀片、万向节并涂油放于室内；对其他外露工作部件涂油防锈，损坏的零件及时修复或更换，然后垫起旋耕机，存于避光、避雨、通风干燥处。

第三节　耕整机

耕整机是我国水稻种植地区普遍使用的一种小型耕整地作业机械，配套犁、耙、蒲滚等农具可进行全过程的耕整地作业。

一、微型耕作机（图3－8）

微型耕作机以小型柴油机或汽油机为动力，具有重量轻，体积小，结构简单等特点。微型耕作机广泛适用于平原、山区、丘陵的旱地、水田、果园等。配上相应机具可进行抽水、发电、喷药、喷淋等作业，还可牵引拖挂车进行短途运输。微型耕作机可以在田间自由行使，便于用户使用和存放，省去了大型农用机械无法进入山区田块的烦恼。

目前微型耕作机在国内生产的机型主要有：

一种是由风冷汽油机或水冷柴油机作为动力，皮带或链条式齿轮箱作为传动装置，配以耕作宽度为500～1200 mm的旋耕刀具的微耕机。其经济性较好，

图 3-8 微型耕作机

但多用途扩展能力有限，结构也较为简单，适合经济条件较差，可在用途较为简单的地区使用。

另一种是由风冷柴油机或大马力风冷汽油机作为动力，全轴全齿轮牙箱作为传动装置，配以耕作宽度为 800～1350 mm 的旋耕刀具的微耕机。整机采用齿轮传动，动力无损，耕作时耕幅宽、耕深深、适应性强，各种土质均能适应，且部件刚性好，使用寿命长。变速箱体采用球墨铸铁精铸毛坯加工令强度更高，使用寿命更长。离合方式采用摩擦片式离合器，可轻松实现换挡，倒挡等功能。该类机型价格较高，但扩展能力出众，配备相应农具可完成旋耕、犁耕、播种、脱粒、抽水、喷药、发电和运输等多项作业，能实现真正的多功能、多用途。

二、田园管理机（图 3－9）

田园管理机也称为万能管理机，是专门为果园、菜地、温室大棚、丘陵坡地和小块地（水、旱田）作业而设计的农机产品。该机配套机具有 20 余种，可从事近 40 项农田作业。常用的有独、双轮田园管理机、自动差速器的田园管理机、全齿轮传动田园管理机。

图 3－9　田园管理机

（一）独、双轮田园管理机

独、双轮田园管理机包括机架、可调高低扶手，机架上设有（风冷或水冷）柴油机或汽油机，机架和扶手上设置有变速箱，变速箱的输出轴上设置有能够沿轴移动的驱动轮或链轨。它的传动方式主要有：全齿轮传动、皮带传动、链条传动三种传动方式。该机具有重量轻、油耗低、相对功率大、结构紧凑、机动性强、操纵轻便灵活的特点。其爬坡、越埂、阶梯性强，可广泛适用于平原、山区、丘陵的旱地、水田、果园、菜地、烟地的深旋耕、浅旋耕和犁耕。配上相应机具可进行抽水、发电、喷药、喷淋、收割、起垄、铺膜、打孔、碎草、根茎收获、覆土、培土、开深沟、施底肥、除草碎土、偏培土、埋葡萄藤等作业，还可牵引拖车进行短途运输，是大中型农机无法媲美的多功能田园管理机。其具有工作稳定可靠、使用寿命长、维修方便等特点，是进入农民家庭最理想的田园管理机。

（二）自动差速器的田园管理机

其可以360°自由转弯，在田间可随意控制方向，极大地方便操作。此外该机采用整体铸造变速箱体，结实耐用，并采用干式摩擦离合器，行驶时安全可靠。它已成为农民朋友的好帮手。

（三）全齿轮传动田园管理机

整机采用齿轮传动，运行时动力无损。耕作时耕幅宽、耕深深，且适应力强，各种土质均能轻松解决。它的工作效率高，每天可耕作3330～6660 m^2，且刚性好、使用寿命长。

配上相应机具可实现十大功能：旱地旋耕、水田旋耕、抽水、运输、脱粒、开沟、喷淋、喷药、收割、发电。它可广泛满足丘陵、山区、大棚、果园、水田等不同地域的多种农艺需求。

第四节　耕整地作业

一、耕整地作业农艺要求

（一）耕地的目的

土壤耕作分为传统耕作法和少耕法两类。传统耕作法主要是疏松土壤、透气蓄水、覆盖杂草和残茬、防止病虫害，为作物生长发育创造了良好的条件。少耕法是为保持土壤水分、防止水土流失、减少能耗和人工而发展起来的一种耕作法。

（二）耕地的农业技术要求

1. 耕深

耕深应随土壤、作物、地区、动力、肥源、气候和季节等不同而选择合理的耕深。耕作层通常在16～20 cm之间。一般说来秋耕、冬耕宜深，而春耕、夏耕又宜浅。深耕作业水田在20～27 cm之间，旱地在27～40 cm之间。耕深要求均匀一致，沟底也应平整。

2. 覆盖

良好的翻垡覆盖性能是铧式犁的主要作业指标之一，要求耕后植被不露头，回立垡少。对于水田旱耕，要求耕后土垡架空透气，便于晒垡，以利于恢复和提高土壤的肥力。

3. 碎土

犁耕作业还需兼顾碎土性能，耕后土垡松碎，田面平整。一般说来，铧式犁的碎土质量往往难于满足苗床要求，还需进行整地作业。

（三）整地的目的

整地的目的为破碎土块，压实地表，消除土块间的过大空隙，并减少水分蒸发，以利保墒，为种子发芽生长打下良好的基础。水田整地的目的则要求土壤松、碎、软、平，便于插秧和灌水。

（四）整地的农业技术要求

旱地与水田整地作业的农业技术要求差别很大，应分情况，区别对待，其基本的要求有：

1. 耙深

旱地耙深一般为 10 ~ 20 cm；水田耙深一般为 10 ~ 15 cm。耙深要求均匀一致。

2. 碎土

碎土要求耙透、耙碎垡片和草层，耙后表土平整、细碎、松软，但又需有适当的紧密度。因此有些地区还需进行镇压作业。

二、旋耕机整地作业

目前，围绕着旋耕机而进行整地的方式有旋耕、灭茬旋耕、整耕起垄、灭茬旋耕起垄、联合整地（一次性完成灭茬、旋耕、深松起垄、镇压）等。采用以上各种新式联合整地机械进行整地的方式对土壤压实的作用小，整地效率可提高两倍，降低作业成本20%，而且根茬粉碎还田以后可以提高土壤有机质含量，改善土壤结构，起到培肥地力，提高粮食产量的作用。

（一）旋耕方法

旋耕机的构造与铧式犁不同，因此耕地方法也不一样。常用的耕地方法有梭形耕法、单区套耕法和回行耕法等（图3－10）。

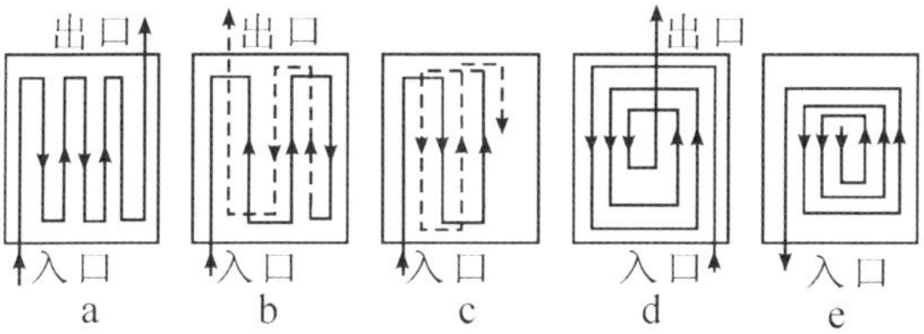

图3－10　旋耕机耕地方法

a. 梭形耕法　b、c. 单区套耕法　d、e. 回行耕法

1. 梭形耕法

拖拉机由地块的一侧进入，进行往返耕作。采用这种方法，拖拉机要在地头转小弯，大型机组不便于操作；手扶拖拉机转小弯较灵便，可采用这种耕法。

2. 单区套耕法

单区套耕法也是一种梭形耕法，但套耕的方式多样。即在耕完一趟后，留下一个耕第二趟，一直耕到地块另一侧后，再返回耕。套耕法可避包地头转小弯，提高旋耕效率。套耕法要求预留的未耕地宽度准确，一般应略小于旋耕机耕宽，这样在返回耕时不会产生漏耕而影响旋耕质量。

偏置式旋耕机（一般多偏置于右侧）采用套耕法时，拖拉机应从地块的右侧进入，逆时针转弯，以减少拖拉机轮子压实已耕地。

3. 回行耕法

此耕法适用于水田旋耕，耕后地面平坦，可减少漏耕。采用回行耕法旋耕时，拖拉机在转弯时应将旋耕机提离地面，防止刀片及刀轴受扭而损坏。对称配置的旋耕机采用回行耕法可从地块的任一侧进入，顺时针或逆时针转弯都可。右侧偏置的旋耕机采用回行耕法时，应从地块的右侧进入。

三、耕整地作业安全操作要点

1. 严禁用倒挡作业。田间地头转弯时，应将机具略微提升，以减少转弯阻力避免损坏工作部件。转移地块和调整机具时机具的工作部件要停止转动。

2. 手扶拖拉机耕深的调整是用尾轮或滑橇（水耕时用）控制。松开尾轮座上的箍紧手柄，将尾轮外管上、下移动，可在较大的范围内调节尾轮的位置高低。一般情况下，可旋转手柄来调节耕深。使用中应尽量使外管位置适当，再利用手柄进行少量的调整。

3. 犁耕作业时应注意耕作方向，尽可能在田块中只留一条大垄或大沟。耕作时应尽量避免犁长时间超负荷工作，以防犁架变形。

4. 中拖带的耕整机，当万向节工作时两端应接近水平。万向节在工作状态提升时，要减慢旋转速度，且应限制提升高度，使万向节两端夹角不超过30°。

5. 工作时，耕整机后和机上禁止站人，以防止发生意外事故。

6. 由拖拉机动力驱动的农具，要求驾驶人员特别注意提高警惕，随时准备切断动力，以免意外事故的发生。

7. 停车时，应将耕整机降落着地，不得悬挂停放。

第五节　水田耕作机具

水田耕作机械是利用合理的机具配置，按照科学的耕作规范，完成水田旱、水耕整地作业，以满足水稻插秧、抛秧等后续工序对水田的耕作要求的作业机械。使用水田耕整地机械化技术，以保证水田碎土效果及耕后平整，具有省工省成本、节水等作用。

一、水田耕作机械的种类

常见的水田耕整地主要指耕、耙、平地作业。

1. 按大小不同水田耕作机械可分为中型、小型、微型三种。

2. 按结构不同水田耕作机械可分为两轮手扶式、四轮方向盘式和独轮手把式三种。

3. 按操作方式不同水田耕作机械可分为坐耕式和步耕式两种。

4. 按犁耕方式分类不同水田耕作机械可分为旋耕、犁耕、动力驱动耙耕和滚田耙耕 4 种。

二、基本结构

现有的水田耕作机械一般都选用手扶式拖拉机、四轮方向盘式拖拉机作为配套动力，其结构主要由发动机、油门拉杆、离合拉杆、操向机、牵引架、座位板、升降杆、升降调节连杆、犁旋耕机组等耕整地机具组成。下面几种就是目前四川省水田耕作机械比较典型的机型（图 3－11）。船式耕作机（图 3－11d）主要用于泥脚较深的水田地区。在传统耕作机械的基础上增加了船形机身，带动悬耕机等作业机具进行水田作业。

a.微型耕整机

b.中型拖拉机旋耕作业

c.手扶拖拉机旋耕作业

d.船式耕作机

图 3－11　四川省水田耕作机械典型机型

三、作业要求

1. 碎土要求起浆性能好，上糊下松，则符合农艺要求。

2. 能将应还田农作物的秸秆切断、打碎、烂至符合农艺要求，然后埋置于水田泥土中，犁耕植被覆盖率≥80%，旋耕植被覆盖率≥85%。

3. 旋耕后要求地表平整，平均高度差值≤5 cm，则符合农艺要求。

4. 按动力配备分类，达到符合耕深、碎土系数要求的作业性能参数。

5. 作业过程中机器不能有漏油等污染环境的现象发生。

四、操作规范

1. 作业时，田间秸秆应均匀铺撒，铺撒要求厚度均匀、排列整齐、指向一致。

2. 春耕及双夏季节进行犁耕作业时，田块浸水水深应控制在6~10 cm。旋耕作业时，田块浸水水深应控制在4~6 cm，以浸没泥土为宜。

3. 作业前田块浸水的时间须达48~64小时。

4. 作业时，前进速度和耕作机具需要进行转速的选择。选择的原则是充分发挥发动机功率而不超负荷作业、保证耕作质量又提高生产率、匹配合理。

5. 作业时，尽量采取回行耕法路线，减少地头转弯壅土。开闭作业方法要交替进行，邻近两耙次不得重复同一种耕翻方向。

回行耕法路线（图3-12）：

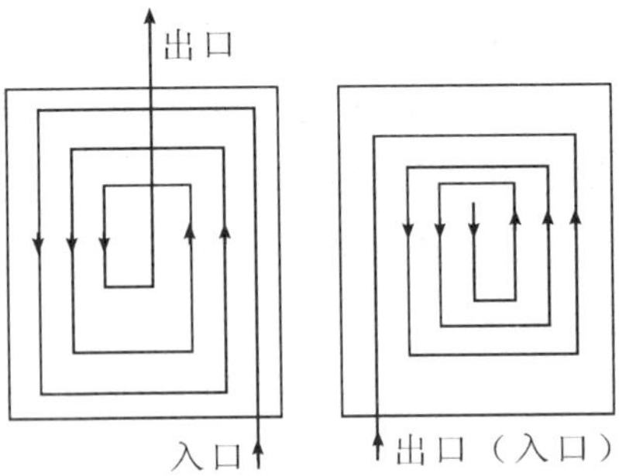

图 3-12　回行耕法路线

6. 旋耕作业进行秸秆还田时，首耙行走方向应与田间秸秆径向一致，以减少轴端缠草。每累加一耙次，行走方向应与上一耙次方向呈纵横交错状。

7. 机组起步工作时，要首先调整好耙深。耙深调整采用分耙次逐步加深原则。

（1）小于 12 马力（1 马力≈735.5 W）手拖配旋耕机作业，第一耙耕深 5 cm 左右，第二耙耕深约 8 cm，第三耙深到 10 cm 或以上。

（2）介于 12 马力与 25 马力之间的拖拉机配旋耕机作业时，第一耙耕深在 6 cm 左右，第二耙耕深约 12 cm。

（3）大于 25 马力的拖拉机配旋耕机作业，第一耙耕深在 8 cm 左右，第二耙耕深应调到 15 cm 以上。

8. 作业时间与条件允许的地方，可在首耙后 48 ~64 小时再进行第二、三耙作业。

9. 要合理安排田块和调度相关作业，以便与下一道插秧工序相衔接，从而提高机具的利用率。

五、使用注意事项

1. 在使用前，必须全面地进行一次检查和维护保养，使机具技术状况良好。

2. 驾驶员须持证作业，禁止无证人员驾驶作业，使用前驾驶员应充分了解机组的使用性能和操作注意事项。

3. 应配套足够的动力，保证机具正常工作。

4. 工作中发现异常响动或运转不良时，应及时停机检查，排除故障后再继续作业。

5. 在田间急转弯时，应降低速度，防止翻车。

6. 在地头转弯、田块转移、过埂、运输及清除缠草时，必须切断动力，待耙轴停止旋转并将耙提升到一定的高度，严禁地头转弯时不提升继续耙地。

7. 机具存放前要清洗干净，注意防锈。

第六节　其他耕作机械

一、圆盘犁（图 3－13）

圆盘犁是一种液压水平摆动式的圆盘犁，该犁的犁梁后端通过尾轮转向机构连接尾轮，犁体的上端通过拐臂连接转向机构，液压缸一端通过耳板连接犁梁，液压缸另一端通过耳板连接机架。整机由中间传动箱、动力传动轴、侧边传动箱、圆盘犁刀轴总成、乘坐架等组成，属直联式结构。适用于水、旱地耕作与整地。

圆盘犁可与拖拉机三点悬挂连接配套，作业时犁片旋转运动，对土壤进行耕翻作业，适用于旱作区杂草丛生、茎秆直立的地、生荒地，土壤比阻较大、土壤中有砖石碎块等复杂农田的耕翻作业。

图 3－13　圆盘犁

二、深松机具

深松机械是近些年为适应机械深松少耕法的推广需要而设计的新型整地机械。主要在我国北方干旱、半干旱地区推广应用。深松机具的种类很多，有深松犁、层耕犁、深松联合作业机和全方位深松机。

1. 深松犁

深松犁一般采用悬挂式。主要工作部件是装在机架后横梁上的凿形深松铲（图 3－14）。连接处备有安全销，以防碰到大石头等障碍时，剪断安全销，保护深松铲。限深轮装于机架两侧，用于调整和控制耕作深度。有些小型深松犁没有限深轮，仅靠拖拉机液压悬挂油缸来控制耕作深度。

2. 层耕犁

层耕犁分深松铲与铧式犁组合、铧式犁与铧式犁组合两种。深松铲与铧式犁组合，铧式犁在正常耕深范围内翻土，而深松铲将下面的土层松动，可达到上翻下松、不乱土层的深耕要求。

图 3－14 凿形深松铲

图 3－15 深松联合作业机

3. 深松联合作业机

深松联合作业机（图 3－15、图 3－16）是为适应机械深松少耕法的推广和大功率轮式拖拉机发展的需要而设计的。深松联合作业机是指深松时能一次完成两种以上的作业项目。按联合作业的方式不同可分为深松联合耕作机、深松与旋耕、起垄联合作业机及多用组合犁等多种形式。该类机械以深松为主，兼顾表土松碎、松耙结合的联合作业，既可用于隔年深松破除犁底层，又可用于形成上松下实的熟地全面深松，同时也可用于草原牧草更新、荒地开垦等其他作业。

图 3－16 深松联合作业机

图 3－17 全方位深松机

4. 全方位深松机

全方位深松机（图 3－17）是一种新型的土壤深松机具，其工作原理完全不同于国内外现有的凿式深松机，它不仅能使 50 cm 深度内的土层得到高效的松碎，显著改善黏重土壤的透水能力，而且能在底部形成鼠道，但其深松比阻却小于犁耕比阻。作为新一代的深松机具对我国干旱、半干旱土壤的蓄水保墒、渍涝地排水、盐碱地和黏重土的改良，以及草原更新均有良好的应用前景。

三、圆盘耙（**图** 3－18）

圆盘耙主要由耙组、偏角调节机构、耙架、牵引架（或悬挂架）等组成。牵引式耙上还有起落调平机构以及行走轮等。

图 3－18　**圆盘耙**

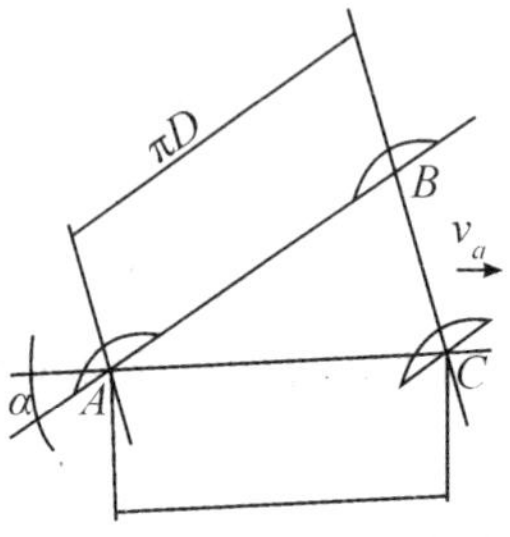

图 3－19　**耙片复合运动图**

圆盘耙片的曲面为球面的一部分。作业时其回转平面（刃口平面）垂直于地面，并与机器的前进方向成偏角 α。耙片滚动前进时，在重力和土壤阻力的作用下切入土中，并达到一定的耙深。耙片从 *A* 点到 *C*

点（图3－19）回转一周的复合运动可分解为：由 A 点到 B 点的滚动和由 B 点到 C 点的移动。在滚动中耙片刃口切碎土块、草根及作物残茬；在移动中，由于耙片的刃口和曲面的综合作用，进行推土、铲草、碎土、翻土和覆盖。当 α 角减小时，则推土、铲草、碎土和翻土等作用减弱，入土性能较差。相反，在一定范围内，α 角增大，则推土、铲草、碎土和翻土等作用增强，入土性能较好。所以在设计圆盘耙时，应根据圆盘耙的类型而选择不同的偏角。并应有一定的调节范围，以适应不同的土壤情况和作业要求。土壤湿度大时，偏角宜小，否则容易造成耙片黏土和堵塞。

对置圆盘耙无论是单列对置圆盘耙还是双列对置圆盘耙由于左右耙组的对称，合力位于中心线上，并与牵引线一致。左右耙组的侧向力相互抵消，因而不存在偏牵引，在水平面内能自动平衡，所以这种对置圆盘耙具有很好的行进稳定性。

偏置圆盘耙的两列耙组的位置不对称，故前组和后组阻力作用线的交点偏于一侧。但由于前后耙组的受力情况相似，其合力的作用线必与前进方向平行，故平行于前进方向的牵引线。若牵引线通过前后耙组作用力的交点，耙组可稳定前进。故牵引此种圆盘耙工作时，拖拉机的位置可偏于一侧，而耙的位置则偏于另一侧。因而这种耙尤适于果园作业，可最大限度地接近果树，而拖拉机则要离树干较远，以避免损坏树枝。

四、钉齿耙（图3－20）

钉齿耙的类型很多，按其结构特点可分为固定式、震动式、可调式和网状钉齿耙等。钉齿耙主要用于耕翻后的土壤平整作业。

弹齿耙：耙齿由弹簧荆制成，有一定的弹性，遇到石砾时不易损坏，弹齿的颤动能增强碎土能力，松土效果也较好，适合于凹凸不平或多石的地面作业，也可用于牧草地、果园的整地和中耕。

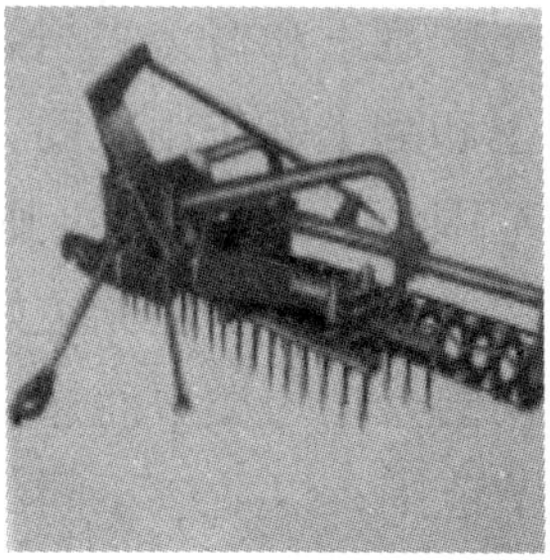

图3－20 钉齿耙

第四章
播种机械

播种机械是以作物种子为播种对象的一种种植机械，是农作物生产全程机械化过程中必不可少的机械之一。播种机械化作业是农业生产过程中极为重要的一个环节，也是最为复杂，最为艰巨的工作。播种质量的优劣是决定出苗保苗、苗全苗壮的前提，直接影响作物的生长和产量。因此播种机械化又是田间管理和收获机械化的先决条件，没有良好的播种机械化作业基础，其后的田间作业机械化将受到很大的限制。

第一节　播种机的种类

播种机械的种类很多，按所播作物的不同可分为谷物播种机、中耕作物播种机、棉花播种机、蔬菜播种机、玉米播种机等；按播种方式的不同可分为条播机、精量播种机等；按耕作方式可分为耕翻播种机、免耕播种机等；按与拖拉机连接的方式可分为牵引式播种机、悬挂式播种机等类型。

一、条播机

条播机由机架、地轮、传动机构、排种器、排肥器、种箱、肥箱、开沟器、覆土器和镇压轮等组成。按与拖拉机的挂接方式可分为牵引式和悬挂式，可一次完成开沟、施肥、播种、覆土和镇压等工序，主要用于条播小麦、大豆、玉米等，配有小槽轮排种器的机型还可播草子。

二、单粒精密播种机

单粒精密播种机多采用播种单体与机架连接的方式，播种单体一般由开沟器、压种轮、仿形限深轮、镇压轮、种箱、传动机构等组成。可精播小麦、玉米、大豆、高粱、甜菜、棉花等中耕作物。

三、穴播机

穴播机的排种器为窝眼轮式，每穴投 2～3 粒种子，用于穴播玉米、大豆、棉花、花生等，也有小麦穴播机，每穴投种 6～11 粒。

四、旋耕播种机

旋耕播种机的开沟器前设置有旋耕刀辊，拖拉机动力输出轴的动力通过万向节传动轴经齿轮变速箱传递至旋耕刀辊。作业时，旋耕刀对上层土壤和植被进行旋耕、切碎，开沟器开沟，种子落入沟底为旋耕刀抛起的土覆盖，随后由镇压轮镇压，完成播种过程。旋耕播种机的主要优点是联合作业，可以一次完成旋耕整地、开沟、施肥、播种、覆土和镇压等工序，减少作业次数，节约成本。旋耕播种机多为条播和穴播，目前在我国应用广泛。

五、铺膜播种机

铺膜播种机是铺膜机与播种机的有机组合形式，属于复式作业机具。除了具有播种机的典型机构外，还有平土框及镇压辊、膜捆、展膜辊、压膜轮、鸭嘴滚筒式成穴器、覆土圆盘等。工作时，平土框及镇压辊将地面推平并压实，地膜经展压辊展平铺在地上，再经压膜轮将地膜与地面压实，鸭嘴滚筒式成穴器按要求的行距与株距打孔并播种，随后覆土。铺膜播种机多为穴播，可用于小麦、棉花、花生等穴播。

六、免耕播种机

免耕播种机是实施保护性耕作的最重要的配套机具，播种前不单独进行土壤耕作，直接在茬地上播种，作物生长期不进行土壤管理的耕作方法。可一次性完成切茬、开沟、播种、覆土多道工序。与传统的耕作方式相比，具有减少作业程序、省工省力、节本增效、提高化肥利用率、保护环境、增产粮食等优点。

七、穴盘播种机

穴盘播种机由填土、压坑、精量播种、覆土、刮平、传动输出机构组成，机组常为固定流水线形式，以电动机为动力，在大棚里使用，主要用于穴盘秧苗的播种，目前应用并不广泛。

八、撒播机

撒播机的料斗一般用不锈钢制作，撒播轮通常为齿轮传动，拖拉机动力输出轴的动力经齿轮变速器传递至撒播轮，料斗中的种子落到撒播轮后，在离心力的作用下撒播到地面。撒播机主要用于在牧场大面积撒播草子，在水稻未收获前撒播绿肥种子，在林区大面积撒播树种等。撒播机既可用来撒播种子，也可用于撒播颗粒状化肥，操作方便、快速。

第二节 小麦免耕施肥播种机的典型结构

小麦免耕施肥播种机的种类很多，本书将对以播种方式分类的条播机、精量播种机的典型结构、工作过程及四川省现在常用的机具作简要的介绍。

一、播种机典型结构及工作过程

（一）条播机典型结构及工作过程

条播机适于播种麦类、谷子和高粱等农作物。一般由排种器、开沟器、输种管、覆土器或镇压轮等工作部件，以及机架、种子箱、种肥箱、传动装置、调节机构、起落（升降）机构、行走轮和划行器等辅助部件所组成（图 4－1）。

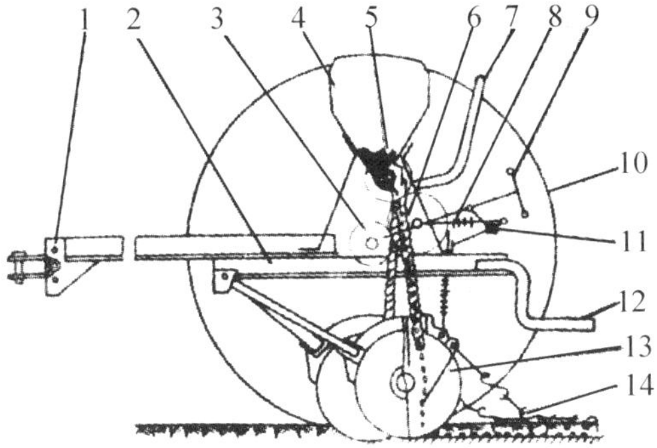

图4－1　条播机工作过程

1. 牵引装置　2. 机架　3. 传动机构　4. 种子箱　5. 排种器
6. 输种管　7. 起落手柄　8. 传动离合器　9. 深浅调节手柄
10. 地轮　11. 起落方轴　12. 脚踏板　13. 开沟器　14. 覆土器

工作时，排种器将种子箱内的种子均匀排出，经输种管落入开沟器所开的沟内，再由覆土器进行覆土和镇压轮适当压实。现将条播机的主要工作部件——排种器、开沟器、输种管、覆土器和镇压轮等分述如下：

1. 排种器

条播机上常用的排种器类型有外槽轮式、磨盘式、梳齿棘轮式等，现分述如下：

（1）外槽轮式排种器：外槽轮式排种器主要适用于条播小粒种子如麦类和谷子，也可条播玉米和大豆等大粒种子，因其通用性好，被广泛应用于各种类型的条播机上。

外槽轮式排种器主要由外槽轮、阻塞轮、排种盒、排种轴和排种舌等组成（图 4－2）。

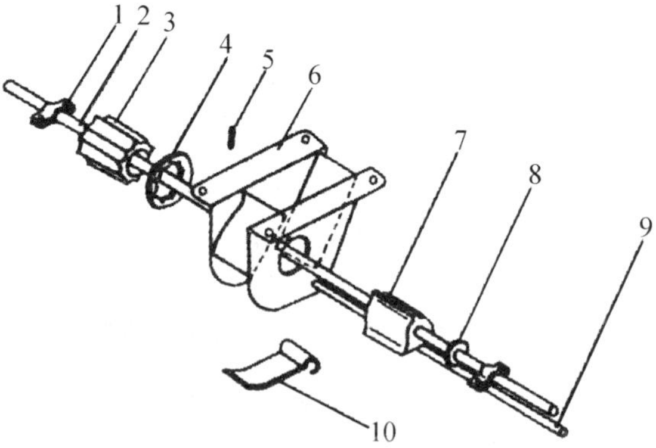

图 4－2　外槽轮式排种器

1. 卡箍　2. 排种轴　3. 外槽轮　4. 内齿挡盘　5. 销钉
6. 排种盒　7. 阻塞轮　8. 垫圈　9. 倒空轴　10. 排种舌

外槽轮为一圆周制出若干轴向凹槽的柱形。常量条播机上外槽轮式排种器的凹槽数量为 10 ~ 12 个。精少量条播机上外槽轮式排种器的凹槽数量为 16 个。外槽轮其右端靠着阻塞轮，利用销钉安装在排种轴上，横置于排种盒内，并借左、右卡箍定位在排种轴上，可随轴转动进行播种。同时，左右移动可改变其工作长度（外槽轮位于排种盒内的长度），从而调整排种量。工作长度愈长，排种量越大；反之，则排种量越小。阻塞轮活动地套在排种轴上，排种轴转动时，外有两个凸齿，凸齿插入排种盒侧壁的切槽内，可与外槽轮一起随排种轴做轴向移动，但轴塞轮不随轴转动，用以堵塞外槽轮自排种盒内移出后所空出的位置。

排种盒安装在种子箱底漏种口的下方。左壁设有内齿挡盘，与外槽轮一起转动，用以防止种子侧向外溢。其下方装有排种舌，排种舌与外槽轮间留有间隙。其大小可以调整，一般有大、中、小三个位置，以适应种子粒型的大小。有的条播机的排种间隙既可以通过调节手柄作整体调节，也可改变其在倒空轴上的安装角度，进行个别调整，使各个排种器的排种间隙保持一致。工作时，随着外槽轮的转动，凹槽逐次充满种子，并强制将种子由排种口排出（图4－3）。

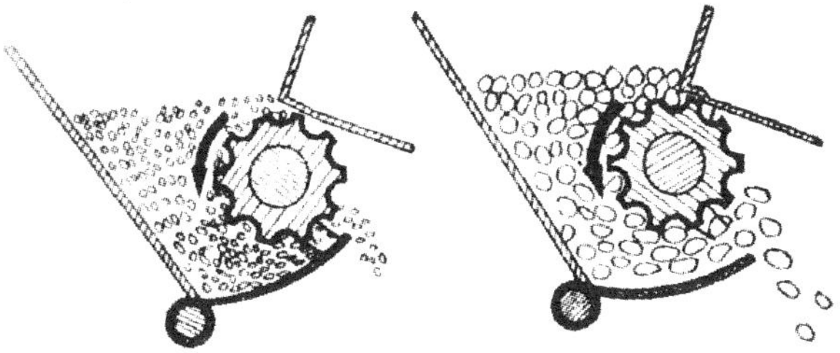

a. 排小粒种子　　b. 排大粒种子

图4－3　排种间隙

常用的外槽轮式排种器有下排式和上下排式两种。下排式排种器，种子只能从槽轮下面排出。它的排种舌靠近排种口处制成斜边，用以克服外槽轮排种的不均匀性。清种时，可将排种舌全部打开。上下排式排种器工作时，种子既能从槽轮的下面排出，又可以从槽轮的上部排出。下排用于中小粒种子，上排用于大粒种子。上排时槽轮转动方向与下排时相反，种子自上排种口排出（图4－4）。

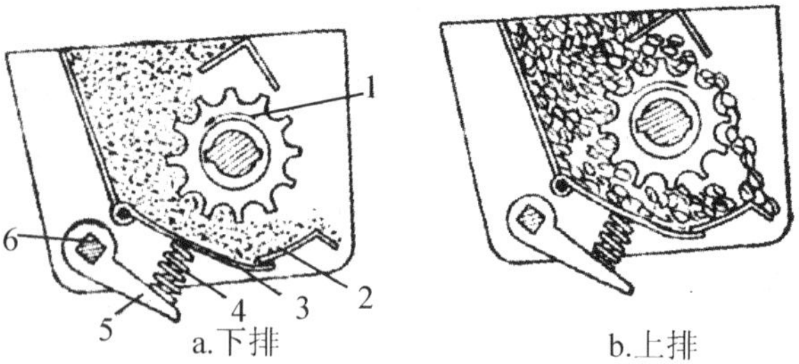

图4－4　上下排式排种器

1. 槽轮　2. 排种舌　3. 活底　4. 弹簧　5. 托板　6. 方轴

下排式排种器排种均匀稳定，当转速为9～60转/分时，每转的排种量基本不变。排种量可通过改变其外槽轮工作长度和槽轮转速进行调节，调节方法简便而且调节范围较大，为当前谷物条播机最常采用的排种器。但若转速过高，排种间隙又小时，则容易挤碎种子。

为了扩大外槽轮排种器的通用性，可将槽轮直径缩小，槽深减小，适于条播中小粒种子。如果增大槽轮直径，加大槽深和槽宽，则适合条播大粒种子。

（2）磨盘式排种器：磨盘式排种器用以条播小麦、高粱和谷子等作物（图4－5）。

隔盘安装在排种器底座上，其盘面周向均布3个扁圆孔。调节盘位于隔盘上面，盘面周向有3个和5个不同直径的圆孔用于播高粱或谷子，另有3个均布的扁圆孔用于播小麦。左、右转动调节盘则可改变播种作物的种类。播种小麦时，调节手柄位于指示牌正中，播种量最大，向左、右移动，播量则逐渐减小。

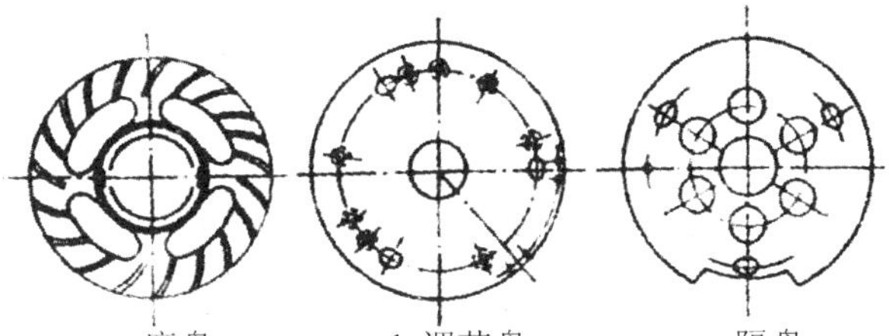

图4－5　磨盘式排种器

高粱和谷子的播量大小，则靠改变传动比进行调节。排种盘在磨盘内缘开有4个弧形漏孔，磨盘底面外缘制有与石磨相似的磨纹，磨盘与调节盘之间有一定间隙。

工作时，磨盘随心轴转动，种子则由喂入区进入排种区。位于磨纹槽内的种子，由于磨纹的推送作用强制向磨盘的外缘方向移动，而磨纹下面的种子，则因种子相互之间的摩擦作用也逐步向外移出，在移动过程中部分种子相继由排种口排出，未及时排出的种子则经返种区又返回到排种盘上，重新进入喂入区（图4－6）。

磨盘式排种器的磨盘与调节盘之间的距离称为排种间隙，排种间隙对排种量的影响很敏感。因此一定要保持各行排种器的排种间隙大小一致，否则容易造成各行播量不一致。

（3）梳齿棘轮式排种器：这种排种器专用于条播经过拌灰处理的带绒棉子，若与成穴盘相配合也可进行穴播。

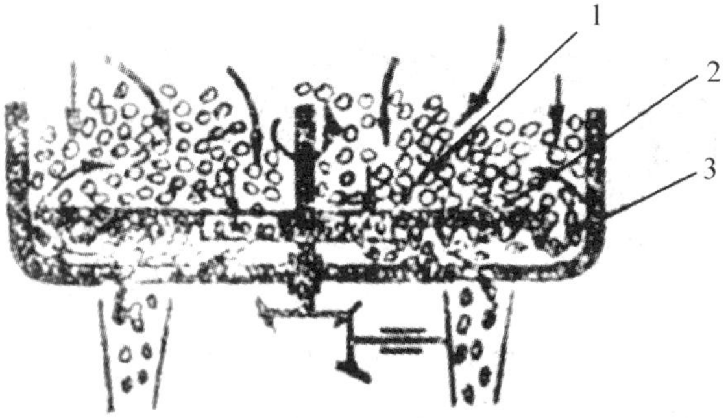

图4－6　磨盘式排种器的排种过程

1. 喂入区　2. 排种区　3. 返种区

梳齿棘轮式排种器由周缘呈梳齿状的搅拌盘和棘轮组成，搅拌盘安装在种子筒底部，随种子筒中央的心轴一起转动，心轴由传动轴驱动，在传动轴后端装上棘轮（匀子轮），并在排种口处装上棉花播量调节板，即成梳齿棘轮式排种器。

工作时，搅拌盘随心轴旋转，以其周缘梳齿搅动种子筒内的种子，防止架空，并连续将种子拨送至排种口处，再由垂直转动的棘轮抓取种子强制排出，投入种沟内。

播种量的大小可通过播量调节板改变排种口的大小。

2. 开沟器

开沟器的作用是将土壤开出小沟（播种沟），使种子落入沟内，随后由其他工作部件进行覆土或镇压。条播机上常用的开沟器主要有双圆盘式、单圆盘式、锄铲式和旋转式开沟器等，现分述如下：

（1）双圆盘式开沟器：双圆盘式开沟器主要由开沟器体、平面圆盘、内锥体、外锥体、开沟器轴、拉杆以及导种板等组成（图 4－7）。

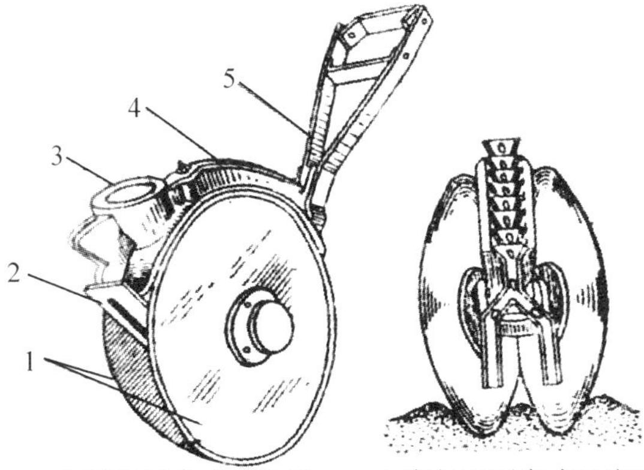

a. 普通双圆盘式开沟器　　b. 窄行双圆盘式开沟器

图 4－7　双圆盘式开沟器

1. 平面圆盘　2. 导种板　3. 导种管　4. 开沟器体　5. 拉杆

开沟器体和内、外锥体套在开沟器轴上用螺母紧固，圆盘毂置于内、外锥体形成的“V”形槽内可自由转动。内、外锥体间装有调整垫圈，当圆盘毂和内、外锥体磨损后，减少垫圈可调整其配合间隙。开沟器轴两端的螺纹一为正螺纹，另一为反螺纹，可防止螺母松脱。开沟器体安装有导种管，种子、肥料由此经导种板落入沟内。导种板位于导种管后下方，具有均匀散种、加宽苗幅和刮除圆盘内盘面黏土的作用。左、右圆盘从前至后呈夹角倾斜安装。开沟器前端由拉杆安装在开沟器梁上，后端通过吊杆与升降臂相连，吊杆上装有压缩弹簧，借以增加圆盘入土的能力，可通过改变弹簧压力调整开沟深度。

工作时，圆盘滚动前进，切开土壤并向两侧推挤形成种沟。种子在两圆盘间经导种板散落于沟中，圆盘过后沟壁塌落而覆盖，可使种子均匀落于湿土上。双圆盘式开沟器由于圆盘滚动和用导种板刮除粘上的土，所以不易挂草和阻塞，适应性较好，在整地较差、土壤潮湿或地面有残茬杂草的情况下都可使用。

为了适应窄行播种的需要，可增大双圆盘式开沟器两圆盘间的倾斜夹角。这样开沟较宽，沟底中间凸起形成“W”形两个小沟。导种管下端分为两个叉管，由输种管下来的种子则经叉管落入2个小沟内。

为了克服种、肥混合容易烧伤种子，影响发芽的缺点，双圆盘式开沟器体内分别安装有导肥管和导种管，同时也加大了开沟器两圆盘的倾斜夹角。此外，在圆盘间另安装有覆肥板。工作时，沟底中间形成“W”形小凸脊，肥料先经导肥管散落于沟底，随着开沟器的前进，由覆肥板将凸脊刮平，肥料被土覆盖，种子再经导种管散落其上，然后覆土。

每个双圆盘式开沟器安装有加压弹簧，用于改变开沟深度。增大弹簧压力，使开沟深度增大；反之，减小弹簧压力，开沟深度也就随之变浅。

（2）单圆盘式开沟器：单圆盘式开沟器主要由一个球面圆盘、开沟器轴、拉杆、导种管、压缩弹簧及刮土板等构成。圆盘凹面偏向机器的前进方向，导种管和刮土板安装在圆盘凸面一侧（图4－8）。

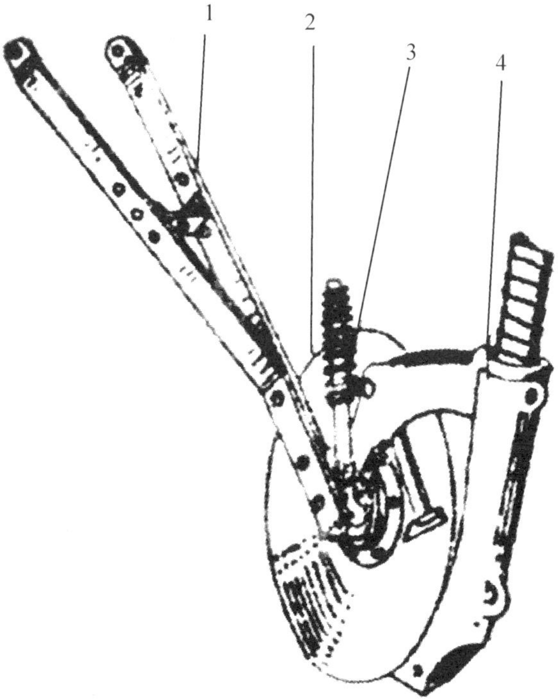

图4－8　单圆盘式开沟器

1. 拉杆　2. 球面圆盘　3. 压缩弹簧　4. 导种管

工作时，圆盘滚动前进，依靠自重和弹簧压力切开土壤，切下的土壤沿凹面升起到一定高度时抛向一侧，其中一部分土壤沿圆盘下滑落入种沟内覆盖种子。单圆盘式开沟器最大的优点是构造简单，重量轻。

（3）锄铲式开沟器：锄铲式开沟器主要由开沟器

体、开沟铲、拉杆、压缩弹簧和导种板等组成（图4－9）。

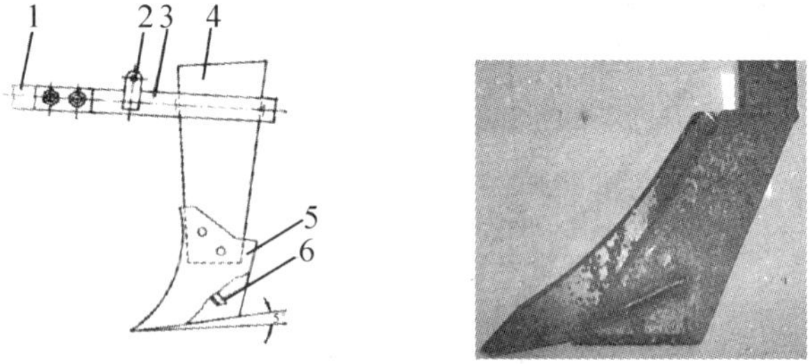

图4－9　锄铲式开沟器

1. 拉杆　2. 压杆座　3. 夹板　4. 开沟器体　5. 开沟铲　6. 导种板

锄铲式开沟器增加开沟深度的调节，可通过减小开沟铲的入土角或增大弹簧压力（若无弹簧也可增加配重），以增大开沟深度；反之，则使开沟深度减小。锄铲式开沟器最大的优点是重量轻、结构简单、入土性能好，但容易挂草和壅土，作业速度高时造成开沟深度不稳定。

（4）旋转式开沟器（图4－10）：针对南方高湿地区，小麦播种常遇恶劣的气候和土壤条件，采用旋转开沟方式，可有效地解决南方高湿地区秸秆覆盖小麦免耕播种的技术难题。实践证明，旋转开沟是应用于稻茬田的理想方式。其特点如下：采用旋耕片实现旋转开沟，能开出宽5 cm、深3～5 cm的最适宜种子发芽的沟床；种子覆盖，利用旋耕刀片切碎并向后抛甩出的土壤实现种子覆盖。

3. 输种管

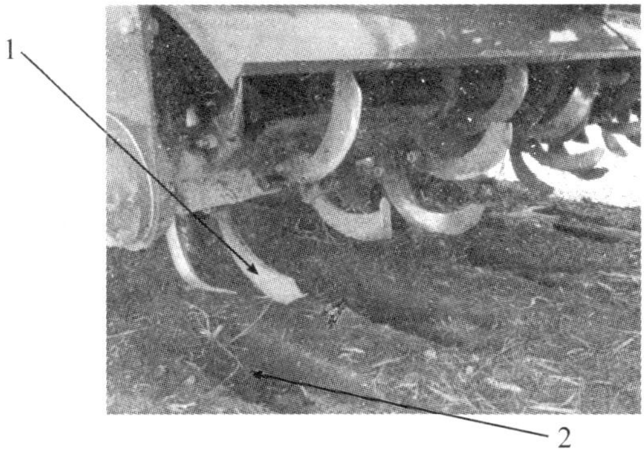

图 4－10 旋转式开沟器

1. 旋转开沟刀 2. 种床

输种管（或输肥管）是排种器（或排肥器）和开沟器之间的连接件，工作时排种器（或排肥器）排出的种子或施料，经输种管（或输肥管）导向开沟器。为适应行距调整和播种均匀性的需要，输种管（或输肥管）要质地柔韧，管形稳定，虽经弯曲而不变形。条播机上常用的输种管（或输肥管）有橡胶管、卷片管、漏斗管和塑料管等（图 4－11）。

橡胶管系用帆布加涂橡胶而制成，结构简单、弹性好，但容易老化变形，已较少应用。卷片管系用钢带卷制而成，弹性好、重量轻、可以伸缩、弯曲性好、导种可靠，是采用最多的一种。但是若因过度拉伸而出现裂缝则不易修复。

漏斗管由若干漏斗组成，每个漏斗用链条相连，结构复杂、重量大、具有很好的伸缩性，多用作输肥管。

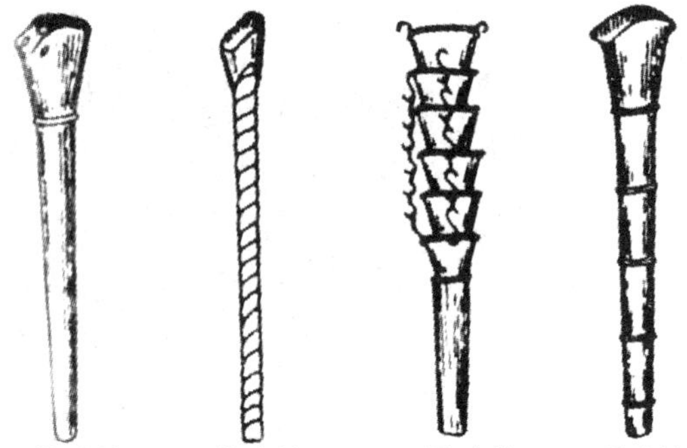

图 4－11　输种管（或输肥管）

塑料管结构简单、制造容易、成本低，因此应用较广但容易变硬发脆。

4. 覆土器

开沟器虽能起到一定的覆土作用，但难以达到种子覆土严密、厚度一致的要求。因此在开沟器后面一般安装有覆土器。

条播机上常用的覆土器有覆土链、网状棍式覆土器、拖板式覆土器以及自制的耮（盖）等。

覆土链由纵向链环和横向链环两部分组成。纵向链环的前端连接在开沟器上，左右侧则连接在条播机脚踏板支架上，纵向链环的后端与横向链环相连。工作时纵向链环位于种沟内，可把湿土覆盖在种子上，再由横向链环将沟边上的土壤覆盖住种沟。

网状棍式覆土器，由若干条横向覆土杆组成，每条覆土杆之间又有若干条纵向链条连接而成网状。网状棍式覆土器由纵向链条分别挂接在条播机机架和脚踏板上。

自制的耢（盖）不但有覆土作用，而且还有平整地面的效果。

5. 镇压轮

镇压轮位于开沟器后面，其作用是压实覆土层，使种子和湿土密接以利于发芽，同时还有压碎土块的效果（图 4－12）。

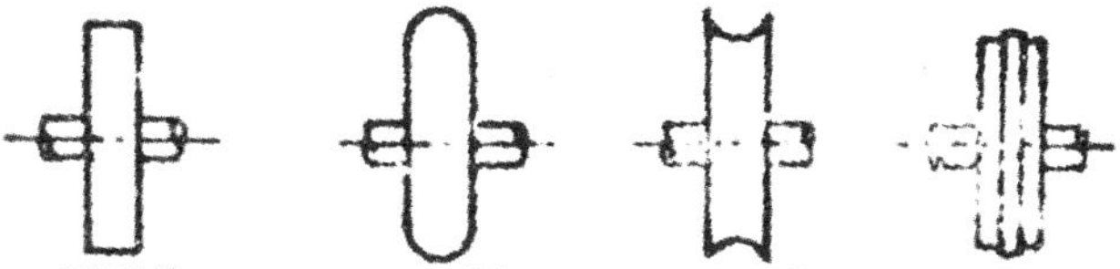

图 4－12　镇压轮的种类

镇压轮与开沟器有两种连接方式：一种是由若干个镇压轮构成一组，铰性连接在开沟器后面，主要进行播后镇压。另一种是每个开沟器后面固定连接一个镇压轮，这种镇压轮不但起镇压作用，而且还可控制播种深度。镇压轮的下底缘比开沟器的下底缘稍高，镇压轮比开沟器高出的高度就是播种深度。提高或降低镇压轮在开沟器上的安装高度可以调节播种深度。

平面轮的结构简单，压力分布均匀，因此使用范围较广。

凸面轮镇压时，能使种子与沟底的湿土密接，可防止透风，有利于蓄水保墒，适于干旱多风地区使用。凹面轮工作时，轮缘可使土壤从两侧向种子处压实，而种子上方土层较疏松，有利于种子发芽出土，适于在土壤湿度较大的情况下使用。

镇压轮一般由金属制成，也有在金属轮缘外面安装不充气的橡胶套，称为零压镇压轮。利用其在镇压过程中会产生弹性变形的特点，起到自行脱土的作用，防正轮面黏土影响镇压质量。

6. 划行器

划行器用以指示拖拉机下一行程的行走位置，保证邻接行（播种机相邻两个行程的邻接播种）的行距准确，防止重播或漏播。划行器安装在播种机的一侧或两侧，视机组田间行走方式而定。

划行器由固定在播种机脚踏板上的脚架、销连在脚架上的固定臂、可调臂、划行球面圆盘、立杆、牵引臂、牵引钢丝绳以及换向装置的钢丝绳滑轮组合操纵手柄等构成（图 4－13）。

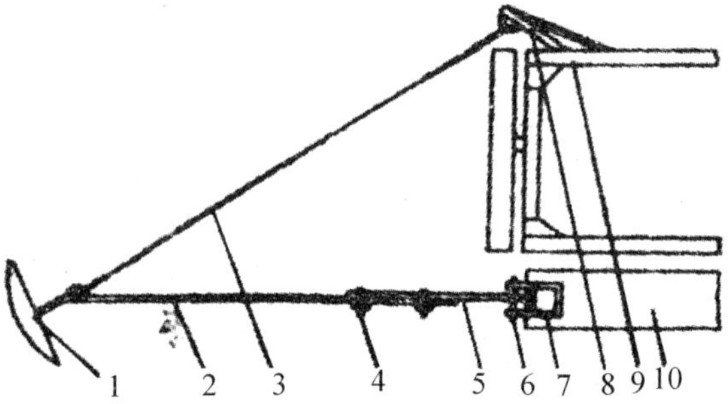

图 4－13 划行器

1. 划行圆盘 2. 可调臂 3. 钢丝绳 4. U 形螺栓 5. 固定臂 6. 轴销 7. 脚架 8. 牵引臂 9. 播种机架前梁 10. 脚踏板

划行圆盘随播种机滚动行进，划出一条浅沟，作为下一行程拖拉机行走位置的标记。改变可调臂与固定臂的相对位置，可以调节划行器的臂长，使之与播种机机架前梁安装的牵引臂，利用钢丝绳与划行器相连接。

悬挂式播种机上的划行器设有换向装置，利用液压机构使播种机起落时也使划行器一同升起或落下。

（二）精量播种机的构造和工作过程

精量播种机又称点播机，适于播种小麦、玉米、大豆和棉花等作物。这种点播机播种后的粒距、播种深度和行距都能达到均匀一致，故称为精量播种机。精量播种机主要由排种器、开沟器、覆土器和镇压轮等工作部件构成，以及主梁、种子箱、种肥箱、传动装置、调节机构、地轮和划行器等辅助部件所组成（图 4－14）。

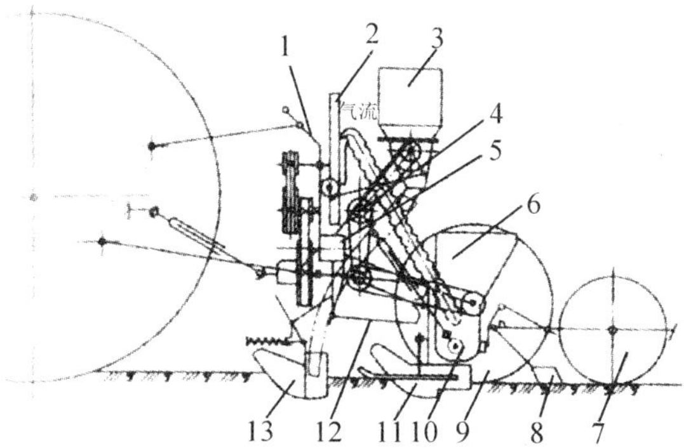

图 4－14　气吸式精量播种机

1. 悬挂装置　2. 风机　3. 肥料箱　4. 传动装置　5. 主梁　6. 种子箱　7. 镇压轮　8. 覆土器　9. 地轮　10. 排种器　11. 滑刀式开沟器　12. 四杆仿形机构　13. 施肥开沟器

工作时，排种器将种子箱内的种子均匀排出，直接落入开沟器所开的沟内，再由覆土器进行覆土和镇压轮适当压实。现将点播机的主要工作部件——排种器细述如下（开沟器、输种管、覆土器和镇压轮等可参阅条播机）：

精量播种机上常用的排种器类型有型孔轮式、水平圆盘式、气力式等，现分述如下：

1. 型孔轮式排种器

型孔轮式排种器（或称窝眼轮式排种器），可以穴播或条播小麦、玉米、豆类、高粱和花生等中耕作物，也可用以单粒播种。主要由型孔轮、刮种器和护种器构成（图 4－15）。

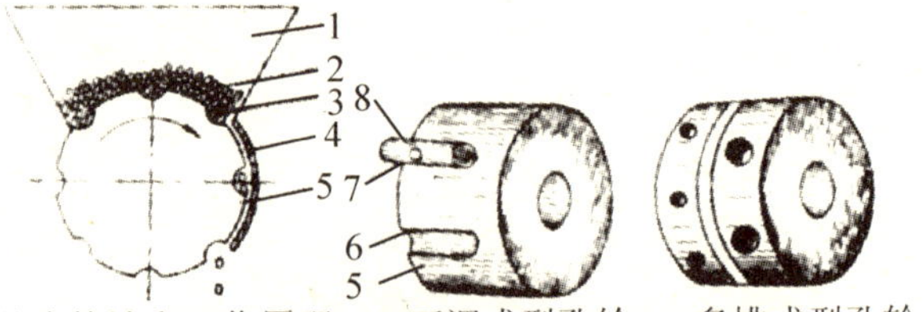

a. 基本构造和工作原理　b.可调式型孔轮　c.多排式型孔轮

图 4－15　型孔轮式排种器

1. 种子箱　2. 种子　3. 刮种器　4. 护种器
5. 型孔轮　6. 凹槽　7. 滑块　8. 调节螺钉

型孔轮圆周设有型孔（窝眼），常用的型孔形状有圆柱形、圆锥形、半圆球形、格槽型或环形沟槽等形式。型孔轮上有一排型孔或多排型孔。

工作时，型孔轮转动，种子箱内的种子在重力作用下，逐次填充进入型孔内，型孔经过刮种器时，则被刮去多余的种子。而保留在型孔内的种子，在圆弧形护种器的带动下继续向下转动，直至脱离护种器时，在自身重力作用下脱孔而出，落入种沟内。

播量的调整可采用更换型孔轮的方式来实现，或是利用一个具有多排型孔的型孔轮，通过左、右移动型孔轮，使所需要的型孔处于工作位置，不用的型孔用盖板盖住。有的型孔轮的型孔为一长槽，内装一滑块，沿槽左右调节滑块位置，则可改变型孔大小，控制每穴投种粒数。也可利用滑块堵塞一部分长槽，达到调节穴距的目的。

型孔轮式排种器构造简单，通用性和成穴性好，但调节播种量比较麻烦。型孔轮的转速过高时，种子不易填充到型孔内，容易出现空穴现象，而且也会增大种子的损伤率。因此采用型孔轮式排种器的点播机，作业速度不能太快。

2. 水平圆盘式排种器

水平圆盘式排种器的主要工作部件是安装在种子筒底部的水平圆盘，有槽盘式和型孔盘式两种，由位于种子筒底部中央的心轴驱动其转动。

工作时，动力由传动轴通过大、小锥形齿轮使心轴转动，排种盘也随之转动，种子在重力作用下填充于槽孔中，刮种器将型孔外多余的种子刮去，在排种口处种子被击种轮推击而落入种沟内。播种机出厂时都提供有多个不同规格的排种盘，以适应播种不同作物的需要。

3. 气力式排种器

气力式排种器分气吸式和气压式两种。

(1) 气吸式排种器：气吸式排种器应用气吸原理排种。播种机上安装有风机，向每个气吸式排种器吸气，把种子吸附在排种盘的吸种孔上，气吸式排种器可以完成精量单粒播种。气吸式排种器主要由种子室、吸气室、排种盘、搅拌轮、种子高度调节板和刮种器等组成（图4－16）。

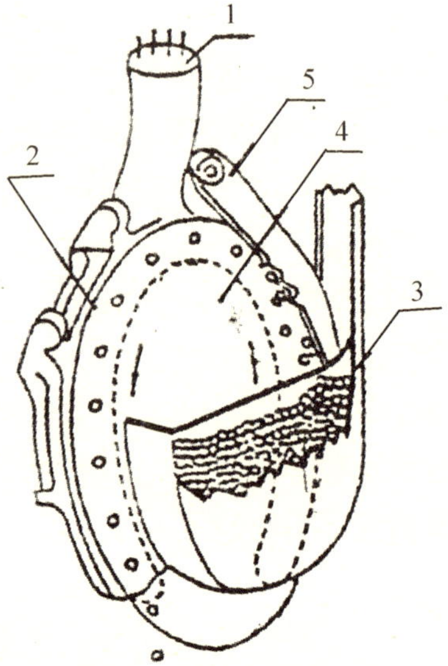

图4－16 气吸式排种器

1. 吸气室 2. 吸气道 3. 种子室 4. 排种盘 5. 刮种器

排种盘是一个金属圆盘片，盘上均匀分布着冲压而成的吸种孔。排种盘垂直安装，一侧为马蹄形吸气室，通过吸气管与风机的吸气口相连；另一侧为种子室，与种子箱相连。风机由拖拉机动力输出轴经皮带轮驱动。排种盘由播种机的地轮经链条、方轴、联轴节、锥形齿轮等驱动。搅拌轮用来防止种子室内的种子架空，种子室种子高度调节板用来控制种子室内的种子量。

工作时，排种盘旋转，风机使吸气室内形成负压，从而使覆盖于马蹄形吸气室范围内的吸种孔都为负压。当排种盘的吸种孔通过处于吸气室始端的种子室时，在两侧压力差的作用下，将种子吸附在吸种孔上。随着排种盘的转动，刮种器刮去吸种孔上多余的种子，只带着一粒种子转到开沟器的上方。当吸种孔离开吸气道的末端后，负压消失，种子靠自重落入开沟器开出的种沟内。

气吸式排种器的粒距大小是由排种盘的吸种孔数及其转速两者决定的，可有多种配合，使用时应尽量选用吸种孔数多而排种盘转速低的配合，有利于提高吸种的可靠性，降低空穴率。

气吸式排种器单粒调整是通过调整刮种器的位置，刮去吸附在吸种孔上多余的种子，使每个吸孔只吸附一粒种子。

播种机出厂时，除了提供多个不同规格的排种盘外，还提供一套空白的排种盘，可以加工所需的吸种孔直径。

气吸式排种器的最大优点是不损伤种子，排种均匀，工作可靠。

（2）气压式排种器：气压式排种器应用吹气原理排种，播种机上安装有风机，向每个气压式排种器吹气，把落入型孔轮型孔内的多余种子吹出的同时，把一粒种子吹压在型孔底部。气压式排种器可以完成精量单粒播种。

气压式排种器主要由种子箱、种子通道、开沟器、外壳、型孔、型孔轮和吹气喷嘴等组成（图4－17）。

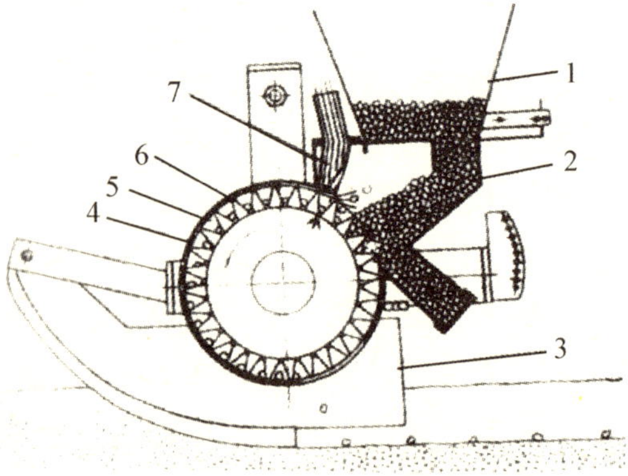

图4－17　气压式排种器

1. 种子箱　2. 种子通道　3. 开沟器　4. 外壳　5. 型孔　6. 型孔轮　7. 吹气喷嘴

工作时，型孔轮转动，种子经种子通道并因重力作用落入型孔内。吹气喷嘴吹出气流，将型孔中多余的种子吹出，只剩下一粒种子被气流压在型孔底部，该单粒种子被型孔轮带至下部，靠自重排至开沟器开好的沟内。

二、小麦免耕施肥播种机的几种常用机型

1. 2BMFDC－6（8）型稻茬田小麦免耕播种机（图4－18、图4－19）

4－18　**金阳牌2BMFDC－6（8）型稻茬田小麦免耕播种机**

4－19　**金阳牌2BMFDC－6（8）型稻茬田小麦免耕播种机灭茬、开沟器局部**

1. 灭茬甩刀　2. 旋转开沟刀

2BMFDC－6（8）型稻茬田小麦免耕播种机，是目前四川省小麦免耕播种机技术最成熟、使用最多的播种机，也是保护性耕作技术推荐的机型之一。主要由机架、种肥箱总成、传动机构、开沟器、镇压机构及覆土机构等部件组成，可一次性完成开沟、灭茬、

播种、施肥、覆土作业。其主要技术参数如下：

表 4－1　2BMFDC－6（8）型稻茬田小麦免耕播种机主要技术参数表

配套动力	12～50 马力拖拉机
播种行数	6～8 行
基本行距	20 cm
排种器形式	外槽轮式
排肥器形式	外槽轮式
开沟器形式	旋耕刀式
覆土器形式	塑胶挡板式

2. 2BXF 系列小麦播种机（图 4－20）

图 4－20　2BXF 系列小麦播种机

2BXF 系列小麦播种机，主要由合垧器、筑畦机构、机架、种肥箱总成、传动机构、开沟器、镇压机构及覆土机构等部件组成。当播种机工作时，种箱内种子（颗粒肥料）靠自重充满排种（肥）盒，当镇压轮转动时，通过传动机构带动排种（肥）器工作，排种（肥）轮将种子（肥料）均匀排出，经输种（肥）管落入种沟内，完成播种作业。该机一次作业可完成平地、开沟、播种、施肥、镇压、覆土、筑畦等多项作业。其主要技术指标如下表：

表 4－2　2BXF 系列小麦播种机主要技术参数表

配套动力	12～50 马力拖拉机
播种行数	6～12 行
基本行距	16～22 cm
最大施肥量	15 kg/亩（可调）
最大播种量	30 kg/亩（可调）
播种（肥）深度	2～5 cm

该机与中小马力四轮拖拉机配套，采用三点悬挂，利用液压升降，排种装置由地轮驱动，使用方便；排种器为外槽轮式，实现小麦半精量播种；轻型双圆盘开沟器可在秸秆还田的土壤中顺利开沟、施肥、播种；圆盘开沟器采用弹簧浮动机构，可有效避免因单盘受阻而整体漏播；在没有秸秆的土壤中，可更换箭铲式开沟器。该系列小麦播种机适用于平原丘陵地区条播小麦，并可同时施肥。

3. 2BJM 型锥盘式系列小麦精密播种机（图 4－21）

2BJM 型锥盘式系列小麦精密播种机主要有 3、6、9、12 行系列产品。3 行播种机由人畜力牵引；6～12 行由拖拉机牵引。该机主要有主梁、平行四连杆机

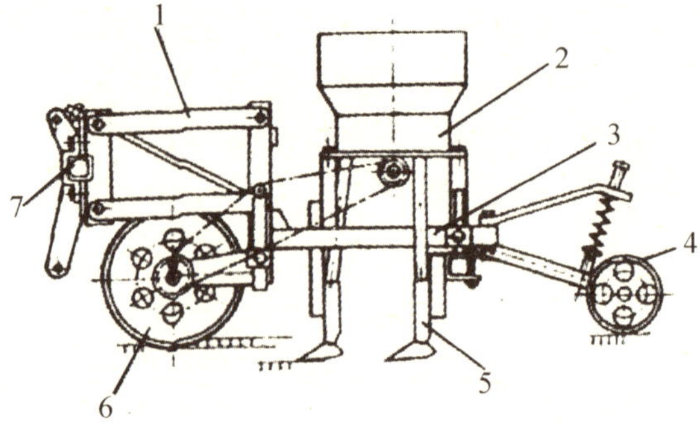

图 4-21　2BJM-6-1 型小麦精密播种机

1. 平行四连杆机构　2. 排种器　3. 机架　4. 镇压轮
5. 开沟器　6. 驱动仿形轮　7. 主梁

构、驱动仿形轮、箭铲式开沟器、机架、排种器、镇压轮及链条传动部件组成。其主要技术参数如下表：

表 4-3　2BJM 型锥盘式系列小麦精密播种机主要技术参数表

配套动力	12~30 马力拖拉机
播种行数	6~12 行
基本行距	20~25 cm
作业幅宽	1.2~1.8 m
种箱容积	30 kg 小麦
播种量	6~12 kg/亩（可调）
播种（肥）深度	3~5 cm

第三节　免耕施肥播种机的使用与维护

“工欲善其事，必先利其器。”播种机良好的技术状态是保证播种质量的基础，如果技术状态达不到要求，那么在播种作业过程中再高的操作水平，再好的机具调整，也无法实现农艺要求的播种质量，而且还会降低工效，增加能耗。播种机经过使用后，必然会磨损，甚至变形，其技术状态将逐渐变差。定期进行检查，给予适当的维修，使其保持良好技术状态，这对保证作业质量，提高作业效率是一项必不可少的工作。

一、小麦播种的农艺技术要求

（一）播种的重要意义

播种是作物生产过程中最重要的一个环节，要求播后全苗是播种的最基本要求，必须达到。否则无法采用机械补种，即使可由人工补种，也因耽误了适时播种而造成减产，更何况不一定再有同一品种的种子用于补种，那就会产生更大的影响。

播种也是作物一生能否长好、管好的基础，不能把播种作业孤立起来，只看成是为了出苗。播种的早晚、出苗的壮弱，都影响着从种到收一系列的生长发育。播前施下的化肥、有机肥，播种时施下的种肥决定作物一生的生育，也决定着生长期追肥的安排。水浇地灌排渠系的布局和修整、土地的平整程度，不但影响播种深度的一致性，也同时影响着作物生长期间灌水的质量。播种时耕层土壤环境是否合适，决定着土壤水、气、热的协调和根系的生育状况。总之，作物的生育状况，以及播后一系列管理，都与播种作业有密切关系。如果播种期不能为以后的作物生育打下基础，则生长期中采取任何补救措施都是不能弥补的。

（二）播种的农艺技术要求

播后苗全、苗齐、苗匀、苗壮是作物增产的基础。因此播种作业必须做到以下几点：

1. 适时播种，按时播完，不误农时。

2. 播种量和施肥量符合规定要求，达到行内均匀，行间一致。

3. 行距要符合播种要求，播行要直、邻接行距要正确。

4. 播深要符合播种要求，达到深浅一致。种子与湿土要密接，覆盖必须良好。

5. 地头要整齐，无重播、漏播现象；地边与四角都要播到，不要留边丢角。

6. 尽可能采用开沟、播种、施肥、覆盖等联合作业。

播种机的种类很多，按所播作物的不同可分为谷物播种机、中耕作物播种机、棉花播种机、蔬菜播种机等；按播种方式的不同可分为条播机、精量播种机等；按耕作方式的不同可分为耕翻播种机和免耕播种机等；按与拖拉机连接方式的不同可分为牵引式播种机、悬挂式播种机等类型。

二、小麦免耕施肥播种机的使用

（一）免耕施肥播种机的工作原理

小麦免耕施肥播种机作业前，前茬水稻秸秆必须在收获时采用联合收割机的秸秆切碎装置，将水稻秸秆切成 3～5 cm 的短截，均匀铺撒在地表。播种机作业时，拖拉机的动力经传动轴直接传入免耕施肥播种机的中间变速箱，并带动左右刀轴做旋切运转，当刀具与地面接触的瞬间，前部的旋耕刀将秸秆或根茬切断后入土做带状旋松，紧随其后的播种、施肥开沟器在开沟的同时，将秸秆及根茬推送到播种、施肥位置的两侧，后部的限深镇压轮（辊）靠自重与地面摩擦转动，经链条传动机构带动排种和排肥机构实施排种、排肥，排下的种子和化肥分别经输种、输肥管进入开沟器，依次落入沟槽内，镇压轮（辊）随即将沟槽内松土压实，完成免耕施肥播种作业。

（二）免耕施肥播种机的安装挂接与调整

1. 免耕施肥播种机的安装挂接

免耕施肥播种机与拖拉机安装挂接时，首先将传动轴方轴的一端安装在拖拉机的动力输出轴上，传动轴的方管一端安装在免耕施肥播种机变速箱动力输入轴上，再将方轴插入方管内（安装时传动轴两端的夹叉应对称一致，否则易导致机具震动）。然后将拖拉机的悬挂机构与免耕施肥播种机的挂接机构结合在一起，并销好（智能型免耕施肥播种机，最后应将各信号线插头按照所编序号，对准机具架梁上插座相对序号的插孔，插入即可）。

2. 免耕施肥播种机的调整

（1）双腔排种器的调整：免耕施肥播种机的排种器为双腔排种器，播种小麦时，应将插板插入玉米排种腔，此时小麦排种腔打开，玉米排种腔关闭；播种玉米时应将插板插入小麦排种腔，此时玉米排种腔打开，小麦排种腔关闭。

（2）播种深度与施肥深度、旋耕深度和秸秆覆盖率的整体调整：小麦免耕施肥播种时，种子的播种深度最好为3 cm，墒情较差时最深不超过5 cm，化肥播深一般为8～10 cm，当种子与化肥深度差调整合理后，如果需要增加旋耕深度、播种深度、施肥深度和提高秸秆覆盖率，可将镇压轮总成两端的限位螺栓向上调，每调一个螺孔，其深度相应增加2 cm，秸秆覆盖率也随之提高。

（3）种子与化肥深度差的调整：种子、化肥之间的深度差一般应控制在4～5 cm之间。种子与化肥深度差的调整，是靠移动开沟器的上下位置来完成的，调整时拧松开沟器上部的固定螺栓，将播种或施肥开沟器分别向上或向下移动，测量下端距地面的高度差，直至达到理想高度差，然后再将固定螺栓拧紧即可。

（4）小麦播种前的调整

①排种器的检查调整：为了提高小麦播种质量，确保各行播量一致，播种前要对各排种器的排种轮进行检查，在正常情况下，排种前排种轮的端面应与排种盒内壁处于同一平面内，调整播量手轮的端面应处于刻度线“0”的位置，若排种轮伸出的有效长度长短不一，各行播量大小不同时应进行调整。其方法是：拧松排种轮两端的卡片，左右移动排种轮至所需位置，并使卡片紧靠排种轮外部的端面，调好后拧紧固定螺栓即可。

②小麦播种量的调整：小麦亩播种量，水浇地一般在5～10 kg，旱地一般在12～15 kg。为便于小麦播种量的调整，免耕施肥播种机上设有调整播量手轮和刻度线，刻度线上的数字表示播量，其单位为千克，调整播量时需旋转手轮，手轮外端面与刻度线相交位置即表示所下播量，调整完毕后应拧紧手轮上的固定螺栓；若播量与刻度线不符时，应以排种轮伸出的有效长度为准，排种轮伸出排种腔1 cm表示播量1 kg；当排种轮伸出的有效长度一样而播量误差仍很大时，需调整毛刷位置，毛刷向上移动播量增加，反之则减小。

为确保播种量精确，机具调好后要进行播量试验，其方法是：种箱内加入种子，将机具升离地面，在输种管下垫一块塑料布或在接种盒下套一塑料袋，然后在镇压轮（辊）上做好记号，用手转动镇压轮

（辊）。2BMSF－10/5 型免耕施肥播种机转动为 24 圈，2BMSF－12/6 型免耕施肥播种机转动为 20 圈，然后将塑料布（袋）上的种子收集起来，称重量后再乘以 10，即是亩播种量。如果播量偏大或偏小，可适量加大或减少播量；浸种、拌种后应将种子晾干再播，否则会严重影响播种量或播种的稳定性和均匀性。

（5）排肥量的调整：拧松调节手轮上的固定螺栓旋转手轮，其外端面与标尺刻线相交处所标数字即为亩施肥量，其单位为千克。为确保播肥量准确，机具调好后要进行播肥量试验（其方法同调播种量一样），调整完毕后将固定螺栓对准轴上键槽拧紧即可。

（6）用作旋耕机时的安装与调整：免耕施肥播种机除可免耕播种小麦、玉米外，还可单独作为旋耕机使用；用作旋耕机时，卸下排种、排肥机构总成和镇压轮（辊）总成，去掉直刀，按规定换上弯刀，装上覆土板及配件即可。

（三）免耕施肥播种实施要点及操作规程

1. 牢记免耕施肥播种“四要素”

小麦（玉米）播深、播量、施肥量、种子与化肥的间距是免耕施肥播种的“四要素”，它实施得如何，直接关系到小麦（玉米）播种质量和粮食产量，因此在小麦（玉米）播种时要严格按照“四要素”的要求播种。

（1）播种量：小麦免耕播种时，水浇地亩播量要在 5～10 kg，旱地亩播量 12～15 kg；玉米亩播量为

2～2.5 kg；播量过小时因土壤条件较差，出苗率较低，容易造成缺苗短垄；播量过大时，麦苗密度过大影响通风透光，麦苗个体发育较差。

（2）播种深度：播深要因墒情而定，一般情况下丘陵旱地小麦播深应控制在3～5 cm，玉米播深应控制在4～6 cm，播种过浅时易造成小麦覆盖不严；过深时小麦出苗率低，分蘖率差，小麦苗弱，严重影响粮食产量。

（3）施肥量：施肥量应根据地力和水利条件而定，一般情况下，生产500 kg小麦需要15 kg的氮、7.5 kg的磷和16 kg的钾，即亩产量在300～400 kg时可上复合肥30～45 kg。与传统种植方式相比，因免耕播种化肥深施在两窄行之间，化肥距麦根较近，利用率较高，在不影响小麦产量的情况下，可适量少施一些化肥。

（4）种子与化肥间距：免耕施肥播种时要调整好种子与化肥的距离。化肥播深应控制在8～10 cm。二者间距一般在4～5 cm，过大时会降低肥效，过小时容易造成烧种、灼苗。

2. 免耕施肥播种注意事项

（1）牢记免耕施肥播种机播量刻度线上的数字单位为千克而不是市斤。

（2）免耕施肥播种时趟与趟之间的大背垄要保持一致，太宽时浪费土地容易造成减产；过窄时容易将土翻入已播的垄沟内，覆土过厚，影响小麦出苗和分蘖。

（3）免耕施肥播种机的排种、排肥全靠镇压轮（辊）来传递动力，因此播种作业时镇压轮（辊）必须着地转动，否则免耕施肥播种机既不排种又不排肥。

（4）播种作业前，要将排种轮和排肥轮两端的固定卡片拧紧，否则在播种作业时，排种轮和排肥轮会左右移动，自动减小或增大排种量和排肥量。

3. 免耕施肥播种机操作规程

（1）机具作业前的准备

①免耕施肥播种机与拖拉机挂接好后，前后左右要水平，若不符合要求应及时进行调整。

②作业前必须仔细检查各连接件是否可靠，各坚固件是否松动，转动部分是否灵活，若有松动或转动困难应及时排除，并按说明书要求加注润滑油。

③逐个检查刀片、刀轴等部件的质量及安装是否正确，发现刀轴变形或刀片损坏时应及时修理或更换。

④小麦免耕施肥播种机与拖拉机挂接好后，应将机具提升离地面 20 ~ 25 cm，如无异常，可缓慢接合动力，使转速由低到高空转运行，若发现强烈震动、摩擦、碰撞等异常现象，应立即停车检查，排除故障后还需高速运转 5 ~ 10 分钟，待停车检查一切正常后方可入地作业。空运转时，机具前后严禁站人，防止事故的发生。

（2）机具作业

①要空负荷低速启动，待发动机达到额定转速后方可进行作业，否则会因突然接合，冲击负荷过大，造成动力输出轴和花键套的损坏。

②作业期间要及时停机清除侧板内壁上的泥土和各处的缠草，以防加大负荷和加剧刀片磨损，严禁拆除传动防护罩，清除缠草或排除故障时必须停机进行。

③机具作业时严禁带负荷转弯或倒退，机具不能升得过高或降得过低，以免损坏机具。

④合理选择作业速度。免耕施肥播种作业时前进速度不能太快，否则播深过浅，土壤覆盖不好，容易造成缺苗断垄。地头因拖拉机回转次数多，土质较硬，土块较多影响出苗，因此在播种时拖拉机应放在低挡，使其紧旋慢播，千方百计提高播种质量。

⑤作业时，地头留 3～5 m 的机组回转地带，转移地块时必须停止刀轴旋转，将机具提升到一定的高度。

⑥作业时若有异常响声，应立即停车检查，排除故障后方可继续作业。

⑦作业时应随时检查链条的张紧程度，既不能过紧又不能过松，以免掉链影响播种。

⑧小麦免耕施肥播种若与带有分置式液压悬挂机构的拖拉机配套使用，工作时应将分配器手柄置于“浮动”位置。下降机具时不可使用“压降”位置，

以免损坏机件；下降或提升机具时，手柄应迅速扳到“浮动”或“提升”位置，不要在“压降”或“中立”位置上停留。

⑨种箱、肥箱内的种子和化肥要经常保持在1/3以上。拖拉机作业时，要经常检查免耕施肥播种机播种、排肥情况，看排种轮两端的固定卡片有无松动，输种管、输肥管是否畅通，各行间播量是否一样，种子覆盖是否严密，发现问题时应及时解决。

三、小麦免耕施肥播种机的维护

小麦免耕施肥播种机作业的条件比较恶劣，操作人员的使用技术水平、专业知识和素质等差别较大。同时，作为一种生产工具，随着使用期限的延长，机械零部件也会因正常磨损而引起使用性能的下降，影响到正常使用。所以使用管理不能缺少维修保养这个环节。此外小麦免耕施肥播种机因农时季节的关系，工作时间较短，每年大部分时间都处于停放状态，因此必须妥善保管。如果保管不好，其停放时期的损坏将大大超过使用时期的损坏，造成极大的浪费。

（一）机具的保养

1. 检查旋耕刀片磨损情况，必须更换刀片时，要注意保持刀轴的平衡。个别刀片更换时，要尽量对称更换；大量刀片更换时，要将刀片按质量分级，同一质量的刀片装在同一根轴上（单位质量差小于10 g的作为一级），以保持机具的动平衡。

2. 保养时应特别注意十字头万向节的润滑，必须按时注足黄油。

3. 变速箱中应及时加注齿轮油，添加量不允许超过油尺刻线。工作前要检查油面高度，及时放出沉淀在变速箱底部的脏物，一般要求作业季节结束后清洗变速箱，更换润滑油。变速箱盖上的通气螺栓丢失时要配用专用螺栓，不允许用其他螺栓随意代替。

4. 作业结束后清理检修整机，各轴承内要注满黄油，各部件要做好防锈处理，机具不要悬挂放置，应将其放在事先垫好的物体上，停放在干燥处，放松张紧轮，不得以地轮为支撑点。入库存放时用木块垫起，使刀片离开地面以防变形。

（二）播种机具的保管

1. 建立和健全农机保管制度。各种农机具在保管前必须认真执行检查、清理干净、进行保养和修复。保管期间，要防止乱拆、乱卸，以免造成零部件丢失和损坏。

2. 建造露天农具停放场时，存放场地应选择地势较高、地形平坦、出入方便、排水良好的地方，并用棚布对农具加以遮盖，防止因雨季积水和淋雨而发生锈蚀。

3. 建造必要的农具库或有顶盖的农具棚等，用于放置农具上的木制品、橡胶制品、发动机以及不宜在露天停放的农具。田间作业完毕后，必须清除外部泥垢、农药和作物残株，必要时用水或油加以清洗，尤其要清洗各润滑部位，并重新进行润滑。开沟器和调节丝杆等外露部分必须擦净后涂机油。油漆脱落的农机具，保管前应重新涂漆。

播种机应停放整齐、平整，工作部件应处于降落位置，防止因放置不平或因受力不均而变形。

第四节　油菜播种机

油菜机械化直播是近年来兴起的一项农机新技术，该技术具有作业效率高、操作简便等特点，与传统的生产方式相比，又节省了移栽这道繁重的工序，因而受到农户的普遍欢迎。目前油菜的机械化直播主要有两个发展方向：一是利用传统小麦条播机进行半精量播种，该方式难以控制播量、播种精度低，容易造成种子破损，如2BF－4Y型油菜播种机；二是采用穴播机构（排种器）加以改进，依靠种子自身重量排种或者机械强制排种，提高排种均匀性，但是种子容易破碎，引起断苗或者漏播率偏高。如2BFY－6型油菜直播机。

一、基本结构

现有的油菜直播机一般都选用手扶式拖拉机作为配套动力，将排种和排肥机构安装在主机上，通过排种管和排肥管将油菜子和肥料导入土壤。下面以2BFY－6型油菜直播机进行说明（图4－22）：

该机以东风－12型手扶式拖拉机作为配套动力，

一次播种6行，播种量每亩100～300 g，行距为250～300 mm，每小时可播种2～3亩。

图4－22　油菜直播机结构图

二、作业要求

1. 田间状况要求

一般要求土壤含水率在20%～30%范围内为宜，以确保良好的开沟和覆土效果。因此在播种前应当注意将田里的水排放干净。

2. 肥料要求

只能使用复合颗粒肥，不能使用粉状或者块状肥料。

3. 种子要求

种子应当干净，含杂少，含水率低，具有较好的流动性。

三、播前准备

1. 柴油机检查

按照柴油机使用说明书进行全面的检查。

2. 排种和排肥机构检查

先对传动链条的张紧度进行检查，避免在操作时链条因松弛而脱离，造成成片漏播。合上播种离合器，用人力推动拖拉机前进 1 ~ 2 m，观察各传动部件是否顺利运行。

3. 检查排种管和排肥管是否有异物堵塞，确保种子和肥料流动正常。

4. 升降尾轮，确定合适的开沟深度。

四、作业方法

油菜的直播路线和方法与小麦播种基本一样，一定要确保不漏播，尽量不重播。定期观察排种、排肥机构工作是否正常。

每天播种结束后，要将机具清理干净，并将剩余的种子和肥料清除干净。

第五章
水稻插秧机

目前，世界上水稻机插秧技术已成熟，日本、韩国等国家以及我国台湾地区的水稻生产已全面实现了机械化插秧。我国沿海的江苏等省在全国率先引进消化并合资开发生产了具有世界先进技术的高性能插秧机，实现了浅栽、宽行窄株、定苗定穴栽插，并形成一整套行之有效的水稻机械化高产栽培技术体系，现阶段机械化插秧的作业水平也达到 80% 以上。从 2004 年起，四川省也在各地逐步开始试验、示范、推广水稻机械化育插秧技术，取得了良好的成效。随着农村经济和农业生产的发展，该技术具有很好的发展前景。

第一节 插秧机的类型

1. 按操作方式分为步行式（或称步进式）与乘坐式两大类，示意如下：

在乘坐式插秧机中，根据栽插机构的不同形式，按照插秧作业效率可将插秧机分为普通型与高速型，高速插秧机包含了更多的高新技术内涵，液压、电子、信息技术更加完善，操作更加方便、舒适。

2. 按栽插机构分曲柄连杆式与双排回转式两类。曲柄连杆式栽插机构的转速受惯性力的约束，一般的最高插秧频率限制在300次/min左右，如果平衡块设计得完善，插秧频率可稍高。乘坐式插秧机一般采用双排回转式机构，运动较平稳，插秧频率可以提高到600次/min。但在实际生产中，由于其他因素的影响，生产率只比普通乘坐式高出0.5倍左右，曲柄连杆式一般用于手扶式及普通乘坐式，高速插秧机均采用双排回转式插秧机构。

曲柄连杆式的插秧机按插秧机前进方向分为正向与反向两类。正向机的插植臂运动方向与机器前进方向相同，反向机则相反。普通乘坐式插秧机均为正向机构，步行机一般为反向机构。如图5－1所示，在所设计的株距状况下作业，秧苗的直立度较好，当株距进一步加大时，反向机由于插孔的加大，直立度及稳定性会受到影响，正向机的影响则较小。对于栽插过高的秧苗，反向机的秧爪完成插秧动作后离开已插的秧苗，正向机的秧爪则涉及秧苗的顶尖部，以致影响直立度。

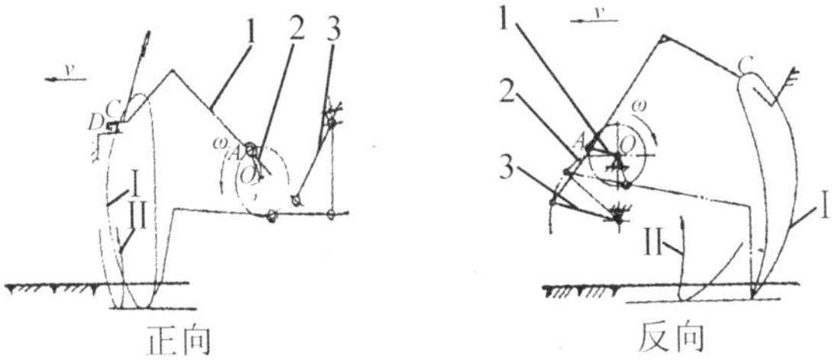

图 5－1 曲柄连杆机构示意图

插秧机所插秧苗高度的限制，决定于秧门与秧爪尖运动轨迹最低点的距离，一般情况下均小于 25 cm，对于正向运动轨迹而言，由于插后这个距离拉长，稍高些秧苗也能栽插，而反向轨迹对苗高的适应范围相对较小。

双排回转式插秧机构的轨迹与正向曲柄连杆机构相似（图 5－2）。

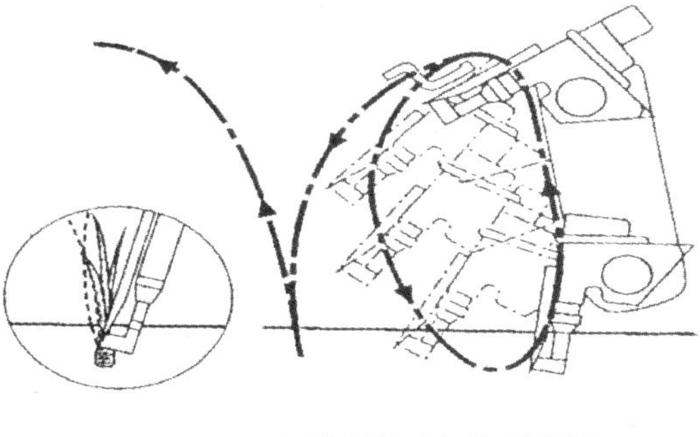

图 5－2 双排回转式机构示意图

3. 按插秧机栽插行数分，步行式有 2、4、6 行，乘坐式有 4、5、6、8、10 行等品种。

4. 按栽植秧苗的形状分为毯状苗及钵体苗两种，由于钵体苗插秧机结构较复杂，需专用秧盘，使用成本高，一般均为毯状苗插秧机。

第二节 插秧机的典型结构

插秧机的型号众多，其基本原理是以土块为秧苗的载体，通过从秧箱内分取土块、下移、插植三个阶段完成栽插动作。液压仿形基本原理是保持浮板的一定压力，使其不受行走装置的影响，确保秧苗的合理栽插深度。下面以现阶段四川省内拥有量较多的东洋 PF455S 插秧机为例作介绍。

一、各部件名称

以东洋 PF455S 插秧机为例，各部件名称见图 5－3。

二、各部件功能及调整

（一）操作手柄的说明

1. 油门手柄

将油门手柄（图 5－4）往里旋转，发动机转速变高，相反则变低。

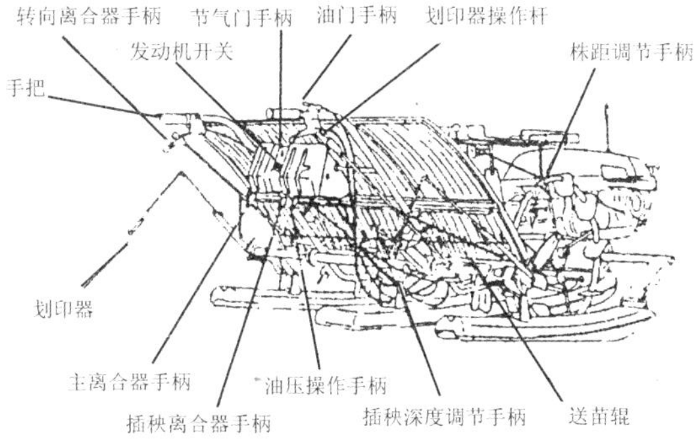

图 5－3 东洋 PF455S 插秧机

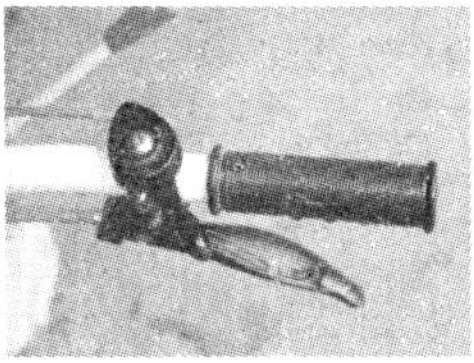

图 5－4 油门手柄

图 5－5 变速杆

2. 变速杆

变速杆（图 5－5）位于前方挡位板上，设有行驶、插秧、中立（空挡）、倒退四个位置。从右到左按行驶、插秧、中立、倒退顺序排列。

注意：当操作变速杆时，必须在主离合器“断开”、发动机低速状态下进行。倒退时，要注意机身后部是否有障碍物，并通过液压操作手柄将机体提升，此时注意不要让手把上翘。

3. 液压操作手柄

液压操作手柄是通过液压操作机体上升、固定、下降的操作手柄。手柄拨到“上升”位置时，机体则上升；拨到“固定”位置时机体在任意位置上固定；拨到“下降”位置时，机体则下降。

4. 节气门手柄

设置在操作面板的黑手柄在启动发动机时用，在热机状态下，将手柄推到最大位置；在冷机状态下，将节气门手柄拉到最大位置，发动机启动后，将节气门手柄慢慢地推到底。

5. 主离合器手柄

主离合器手柄是连接或断开从发动机到各部分动力的操作杆。拨到上端时，连接从发动机到各部分的动力，相反则断开动力。液压泵动力直接连发动机，与主离合器无关。

注意：连接主离合器时，将发动机变低速。“断开”位置时，机体自动不上升，在此状态下补给秧苗。

6. 发动机开关

发动机启动时将开关（图 5－6）拨到“运转”位置，停止时拨到“停止”位置，照明时拨到“照明”位置。

7. 插秧离合器手柄

插秧离合器手柄是操纵插植臂的转动和停止的操作手柄。将此操作手柄拨到“连接”位置时，插秧开始；拨到“断开”位置时，插秧停止。

图 5－6　发动机开关

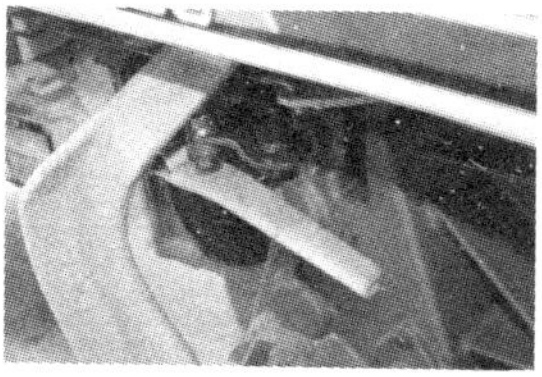

图 5－7　株距调节手柄

8. 株距调节手柄

株距调节手柄是调节株距（每 3.3 m^2 的株数）的操作杆（图 5－7），通过推或拉可以调节选择 3 挡株距。注意株距调节手柄的操作是在插植臂低速运行下进行的。

9. 反冲式启动手柄

反冲式启动手柄（图 5－8）设置在手把附近，容易操作。

图 5－8　反冲式启动手柄

10. 转向离合器手柄

转向离合器手柄（图 5－9）用于分别切断左右侧驱动轴动力，从而改变转向的操作手柄。

11. 插秧深度调节手柄

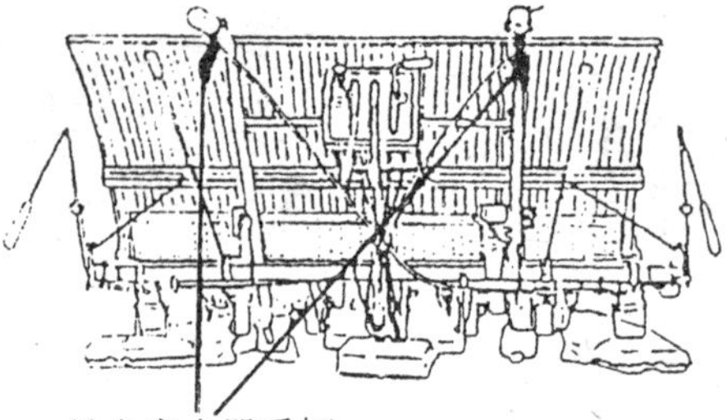

图 5－9　转向离合器手柄

插秧深度调节手柄（图 5－10）的调节范围为 4 挡。往上拨动为浅，相反则为深。此外，浮板支架上还有 6 个插孔可以调节插深。

图 5－10　插秧深度调节手柄

（二）各手柄的调整

操作面板上的手柄与手柄后连接的拉线有密切关系，见图 5－11。

1. 各手柄拉线调节应掌握尺度，否则插秧机将不能正常工作。操作面板如图 5－12 所示。

图 5－11　操作面板

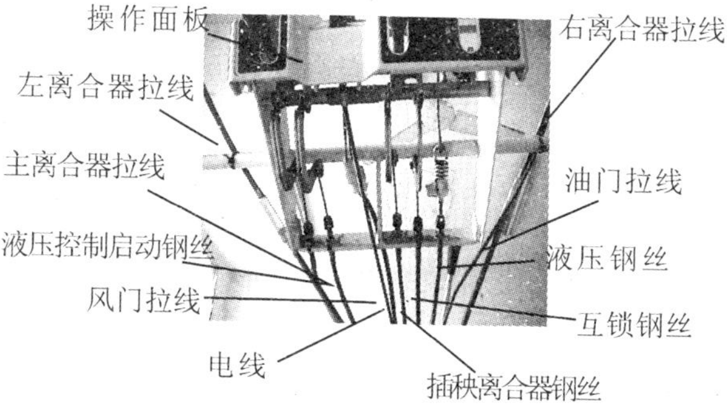

图 5－12　插秧机拉线

（1）主离合器手柄在“切断”的“切”位置时开始起作用，此位置为最佳状态，如主离合器拉线（黄）过紧将导致主离合器皮带磨损过快，降低其使用寿命；如果过松则导致皮带打滑，行走无力。

（2）插植离合器手柄也应在“切”的位置时开始工作。如插植离合器拉线（绿）过紧则会导致插植部不能正常分离；过松则不能正常结合。

（3）液压手柄应在“上”的位置上起作用。液压钢丝（蓝）调整时有三个位置，液压泵阀臂应紧靠在“上升”的位置，即后边为 10 mm 凸台；手柄在“固定”位置时，液压泵阀臂对应在两个 10 mm 凸台中间位置；在“下降”位置时，液压泵阀臂对应在“下降”位置，即紧靠前边 10 mm 凸台。通常以“上升”、“下降”位置作为调整标准。

如果拉线过紧则会导致下降缓慢且停机后有时会自动下降；如果拉线过松则会导致难以上升或上升缓慢且机身自动下降。

2. 液压控制制动钢丝（红）的作用是：在主离合器正常工作时，调节自动仿行油压的灵敏度，此调节与液压钢丝调节相类似，是在液压钢丝调整正确的前提下，调节此钢丝，调节步骤与标准如下：

（1）将主离合器放在“连接”位置上。

（2）将中浮板前端向上抬，此时机身应能上升，阀臂应处于“上升”位置。

（3）将中浮板放下，机身应下降且阀臂处于“下降”位置。

3. 互锁钢丝是保证机器在行走挡位时无法插秧，以保证机器的使用寿命。调整标准为：插秧机变速杆在“行走”挡位高速行驶时，将插植离合器手柄连接，此时若变速杆自动跳到“插秧”挡则为正常。

4. 启动开关从左至右顺时针方向，三个挡位分别是“停机（OFF）”、“启动（ON）”、“灯（LAMP）”。拨到“启动”时，拉动反冲启动机器，机器可正常启动；拨到“LAMP”时，机器前灯打开；拨到“停机”时，发动机熄火，各触点位置正常，如不正常应更换。

5. 风门手柄：风门手柄全拉开时，风门关闭；风门手柄推到底时，风门全开。

6. 转向离合器手柄：转向离合器手柄间隙标准为0~1 mm，手柄起作用的握力在1.8 kg以内，调整螺丝在拉线中端。在操作中，左右转向离合器拉线调节的松紧程度应保证分离清晰，转向灵活，接合到位。

7. 株距调节手柄（图5－13）。在齿轮箱右侧（面向前进方向）株距变速挡共三挡，从内向外分别是70、80、90，对应的株距分别为14.7 cm、13.1 cm、11.7 cm，每亩基本穴数分别为1.4万穴、1.6万穴、1.8万穴。

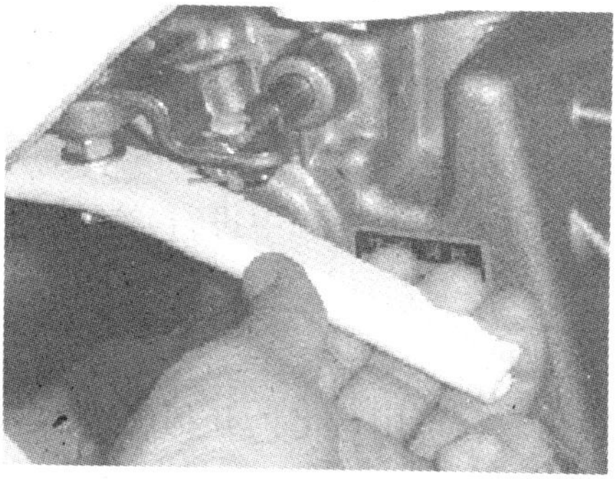

图5－13　株距调节手柄

其调节方法为：

（1）变速杆在“中立”位置，插植臂慢速运转。

(2) 推或拉株距手柄，调节到所要位置（在正确挡位上时有“咔嗒”声，而手柄调节处在中间位置时，尽管发动机正常工作，插植离合器在“连接”位置时，插植臂也无法运动）。

(3) 加大油门，使插植臂高速运转，确认株距手柄无跳挡现象。

第三节　步行式插秧机的使用方法

一、驾驶要领

（一）安全注意事项

1. 易燃、易爆物质不能放在机器上；

2. 饮酒过度者、未满16岁者、未经培训者请勿驾驶；

3. 保养、检查和清理机器时，请在平坦的场所将发动机熄火之后进行；

4. 加注汽油和作业过程中进行检查时应在发动机熄火后进行。

（二）插秧机运输

1. 短距离时，可用行走挡开到田边；

2. 长距离时，选用适宜的运输工具，装卸插秧机时应使用结实的跳板，跳板的长度应该大于装卸高度的4倍以上。插秧机要固定结实。

（三）驾驶要领

1. 驾驶前检查

为了确保安全顺利作业，请按照表5－1进行检查。

表5－1　驾驶前检查内容

检查处	检查内容	措施事项
燃料箱	1. 是否有足够的燃料 2. 燃料管内是否漏油	添加燃料更换软管
发动机机油	机油液面是否在注油塞的上限与下限之间	适当补充机油
齿轮油	是否有充足的齿轮油	适当补充齿轮油
各拉线及回转部	是否有充足的黄油或机油	适当补充黄油或机油
发动机开关	请确认开关在“停止”位置	将开关调制停止位置
机械污染	栽插部和浮板上是否有泥土，导轨上是否有障碍物	清理泥土

二、插秧作业方法

（一）操作顺序

1. 启动发动机。启动发动机前检查是否加汽油、发动机机油；燃油旋阀是否在“ON”位置上；节气门是否拉在最大位置上；油门手柄是否在1/2位置上。用力拉反冲式启动器，启动后，逐渐将节气门手柄推回原位置。

2. 插秧机驶入稻田。插秧机驶入稻田后，把液压操作手柄往下拨，使机体上升。将变速杆拨到“插秧”位置上，合上主离合器驶进稻田。

（二）补给秧苗

1. 取苗时，先把秧苗与软盘一起轻轻提起，然后再慢慢取开秧块。

2. 首次装秧苗时应使取秧口位于苗箱的最左或最右侧。

3. 补给秧苗时，秧苗超出苗箱的情况下拉出苗箱延伸板，防止秧苗往后弯曲的现象出现（图 5－14）。

当秧箱上没有秧苗时，也必须将苗箱移到最左或者最右侧，再补给秧苗。

图 5－14　苗箱延伸板

秧块末端在达到秧苗补给位置线之前，就应给予补给。若在超过补给位置时补给，会减少穴株数（图 5－15）。补给秧苗时，注意剩余苗与补给苗面对齐（图 5－16）。

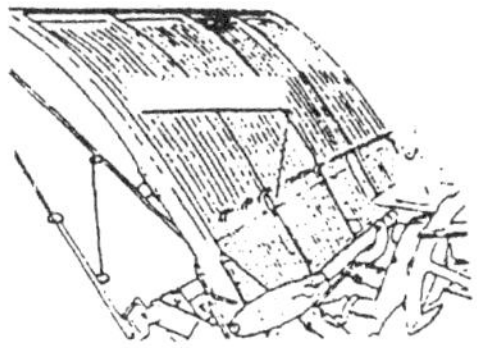

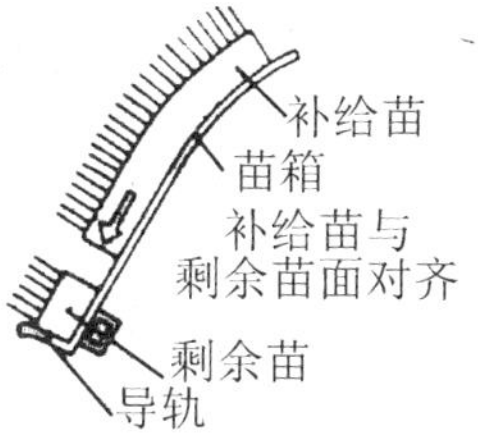

图 5 – 15　补给秧苗　　　　5 – 16　剩余苗与补给苗面对齐

（三）划印器的使用方法

为了保持插秧直线度，需要使用划印器。

使用方法是：检查插秧离合器手柄和液压操作手柄是否分别在“连接”和“下降”位置上。摆动划印器杆，使划印器伸开，在表土上边划印边插秧。划印器所划出的线是下次插秧一侧的机体中心，转行插秧时中间标杆要对准划印器划出的线（图 5 – 17）。

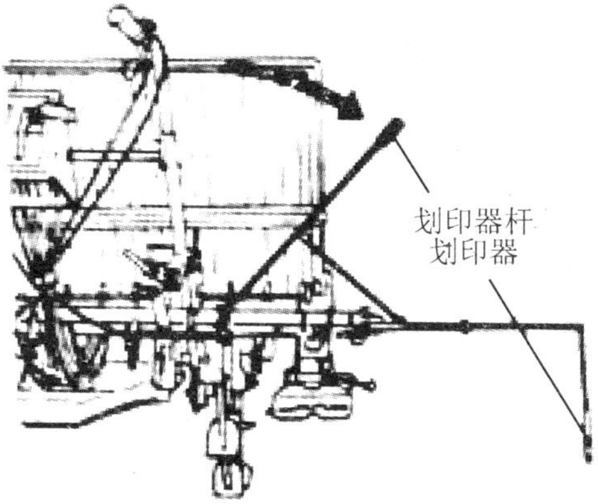

图 5 – 17　划印器

（四）侧对行器的使用方法

使用侧对行器，可确保均匀的行距。插秧时把侧浮板前上方的侧对行器对准已插好秧的秧苗行，再根据当地栽插习惯调整好行距（图 5－18）。

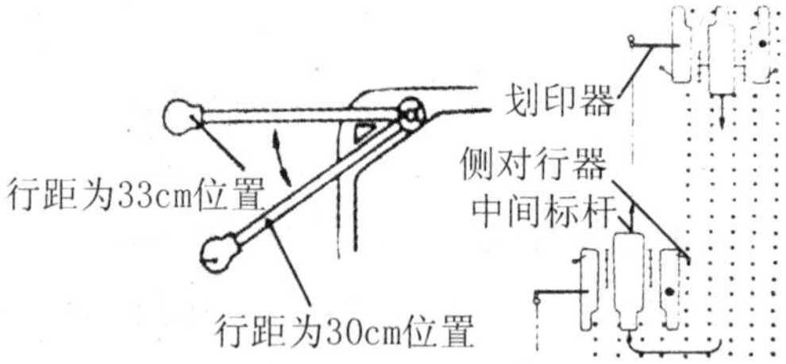

图 5－18 划印器和侧对行器使用方法

（五）田埂周围插秧方法（图 5－19）

1. 插秧时首先在田埂周围留出四行宽的余地，并按第一方案的路线进行插秧作业。

2. 第一行直接靠田埂插秧，其他三边田埂留出 4 或 8 行宽的余地，并按第 2 方案路线作业。

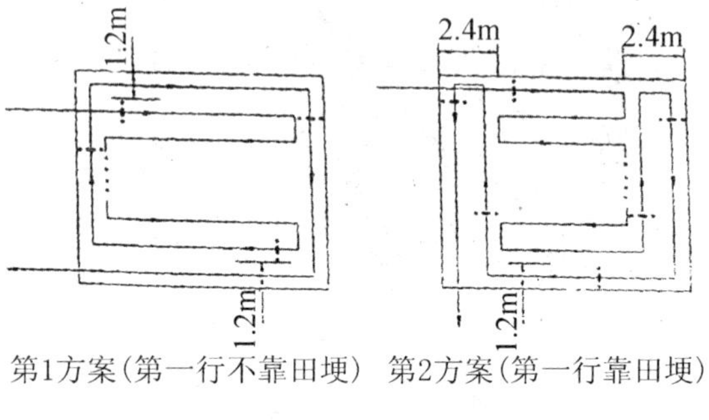

图 5－19 田埂周围插秧方法示意图

（六）插秧作业前应确认的事项

1. 弄清稻田形状，确定插秧方向。

2. 最初四行是插下一行的基准，应特别注意操作，确保插秧的直线性。

3. 插秧作业开始前，检查下列事项：

变速杆是否拨到“插秧”速度挡位上；株距手柄是否挂上挡；液压操作手柄是否拨到“下降”位置上；插秧离合手柄是否拨到“连接”位置上；拨动要插秧一侧的划印器，使划印器伸开；主离合器手柄拨到“连接”位置上，将油门手柄慢慢地向内侧摆动，插秧机边插秧边前进。

安全离合器是防止插植臂过载的保护装置。若插植臂停止并发出“卡”、“卡”的声音，说明安全离合器在动。这时应采取如下措施：迅速切断主离合器手柄，然后熄灭发动机；检查取苗口与秧针间、插植臂与浮板间是否夹有石子，如有要及时清除；若秧针变形，应检查或更换；通过拉动反冲式启动器，确认秧针是否旋转自如，清除苗箱横向移动处未插下的秧苗和泥土后再启动。

（七）转向换行

当插秧机在田块中每次直行一行插秧作业结束后，按以下要领转向换行：

1. 将插秧离合器拨到“断开”位置，降低发动机转速，将液压操作手柄拨到“上升”位置使机体提升。

2. 将手柄往上稍稍抬起（因液压动作，机体稍微往上升高），在这种状态下旋转一侧离合器同时扭动机体，注意使浮板不压表土而轻轻旋转。旋转不要忘记及时折回、伸开划印器。

（八）插秧深度调整

插秧深度调节通常是用插秧深度调节手柄来调整，共有四个挡位，其中（1）为最浅位置，（4）为最深位置。当这四个挡位还不能达到插深要求时，在下面三块浮板上，还设有六孔的浮板安装架，可通过插销的连接来改变插深，需要注意的是三块板上的插销插孔要一致。插秧深度是指小秧块的上表面到田表面的距离，如果小秧块的上表面高于土面，插秧深度表示为“0”，标准的插秧深度为 0.5 ~ 1 cm。插秧深度以所插秧苗在不倒不浮的前提下越浅越好。

（九）取秧量的调整

在进行栽插作业时，应当根据栽插时间、秧龄长短和秧苗情况灵活调整纵向和横向取秧量，以确保基本苗和栽插质量。以成都平原为例，对于栽插时间较早、密度较大、秧龄在 30 天以内的秧苗，可采用中小取秧量，株距适中。如果栽插时间较晚或者秧苗密度较低，可调整至中大取秧量，缩小株距。

三、维护保养

为了发挥插秧机正常的性能，保持机具良好的工作状态，各部件应定期进行清理、调整和保养：

1. 发动机机油要定期进行检查与更换。检查应将机油计拿出擦拭干净后重新放入再拿出确认机油量（正常情况下应位于上下刻度之间）。更换时要拧开排油口的螺栓，待机油排除干净后，将排油口用螺栓拧紧，将机油加注到机油计的上线止。

2. 每工作 50 小时后要检查和加注插植部黄油、侧支架机油、插植臂黄油等，并检查和清理空气滤清器和燃油滤清器。

3. 各拉线与手柄要每天注入油润滑。

4. 每天应仔细检查秧针是否变形或者损坏，并及时修复和更换，保持秧针和导轨、苗箱的适当间距。

第四节　高速插秧机

随着科学技术的不断发展和经济水平的不断提高，高速乘坐式插秧机由于其高效、轻便的优异性能，逐渐得到了四川省部分农户的喜爱，近年来在四川省取得了初步的发展。现以洋马 VP6 高速插秧机为例，做一个简单介绍。

一、高速插秧机的主要性能指标和特点

表5－2 东洋P600插秧机主要技术规格表

型号			P600
类别			乘坐，6行
尺寸	长（mm）		2960（3020）
	宽（mm）		2010（2870）
	高（mm）		1450（1540）
重量（kg）			550
发动机	型号		FE290G－7SX
	总排气量（ml）		286
	功率/转速（ps/rpm）		7.0/1800（最大8.06）
	油耗（g/ps. hr）		300
	启动方式		发动机
行驶部	车轮	种　类	包胶叶轮
		外径（mm）	620（前轮）/850（后轮）
	变速挡数		前进3、后退1（副变速有5挡）
插秧部分	插秧臂种类		回转式
	秧苗传送方式/秧苗箱容量		皮带/2.2枝
	行数/行距（cm）		6/30
	株距（cm）/每3.3 m^2穴数		14.5，12.8，11.3/75，85，95
	插秧深度（cm，可调节）		0～4.6
	横取苗量（次）/纵取苗量（mm）		18，20，24（可调3挡）/8～17
效率	工作效率（亩/小时）		4.7～7.5
	插秧速度（m/s）		0.15～1.2

续　表

型号		P600
苗的条件 田间条件	苗的种类	苗盘育苗
	苗高（cm）	幼苗：10～18， 中苗：15～25（最大30）
	叶龄（叶）	2～5
	耕深（cm）	8～20
	水深（cm）	1～4

（二）主要特点

1. 采用回转式插秧臂，插秧速度快（转一圈插两次）。

2. 采用自动调节的液压仿形装置。

3. 用监视器来了解加秧时间和插秧臂状态。插秧离合器在“插秧”位置和“不插秧”位置，分别有指示灯提示。需要供秧时，会发出报警声响。

4. 采用四轮驱动，出入田块和过埂过沟时，十分方便。

5. 具有灵敏度很高的5段液压感应器，可自动调节适应地块的软硬程度。

6. 插秧深度和株距可方便调节。

7. 方向盘有液压系统助力，操作轻快、方便。

二、各部分的名称和功能

（一）各部分名称（见图5-20）

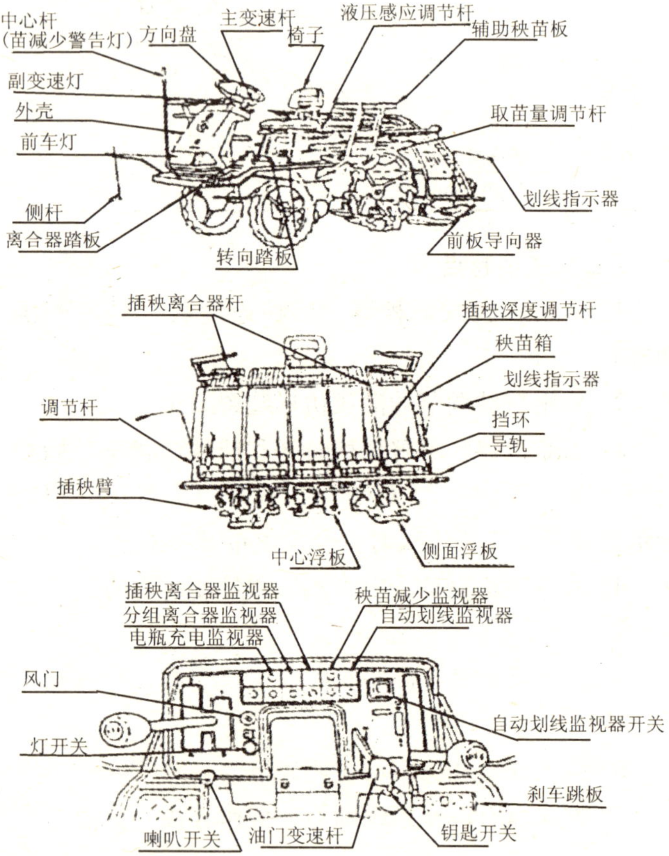

图5-20　东洋P600插秧机各部分名称

（二）各部分功能

1. 开关功能

（1）钥匙开关（图5－21）

OFF：停止发动机。

ON：发动机工作。

图5－21　开关钥匙

（2）喇叭开关（图5－22）：按下时，喇叭会响，警示周围人员。

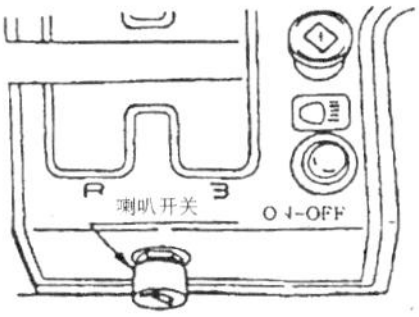

图5－22　喇叭开关

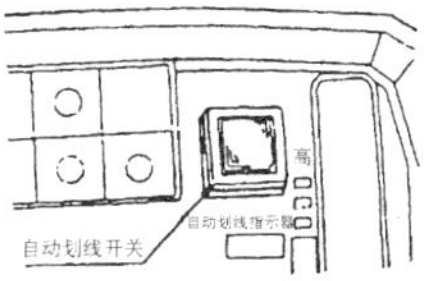

图5－23　自动划线开关

（3）自动划线指示器开关（图5－23）：按下开关时（ON），可启动自动划线器（指示灯亮）。再按一下开关，自动划线器停止工作（指示灯熄灭）。

（4）前车灯开关（图5－24）

ON：前车灯亮。

OFF：前车灯熄灭。

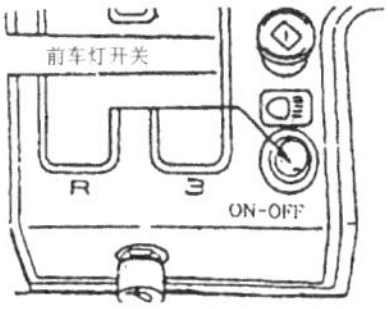

5－24　车灯开关

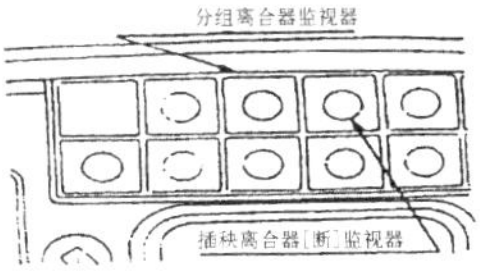

图5－25　插秧监视器

2. 监视器的功能

（1）分组离合器监视器（图5－25）：分组离合

器杆在“连接”位置上时，指示灯亮。

（2）插秧离合器监视器（图 5－25）：插秧离合器杆在“插秧”位置时，指示灯亮。

（3）秧苗减少监视器（图 5－26）：秧苗箱里的秧苗少至一定量时，该指示灯亮。

（4）电瓶充电监视器（图 5－26）：电瓶电压变低时，该指示灯亮，提示尽快充电。

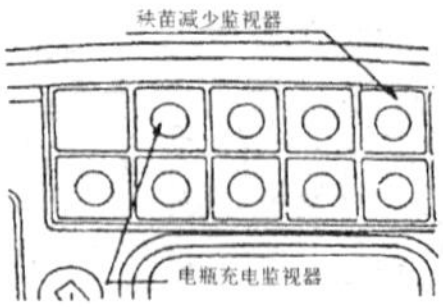

5－26　电瓶充电监视器

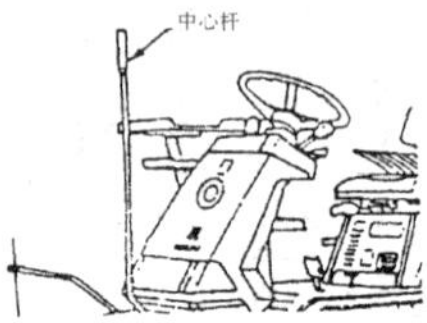

图 5－27　中心杆

（5）中心杆（图 5－27）：中心杆是驾驶员直线行驶的标示杆，中心杆顶端有指示灯。

秧苗箱里的秧少到一定量时，该指示灯亮，提示要加秧。但插秧离合器在“断”的位置上时，指示灯不会亮。

（6）划线器监视器（图 5－28）：指示灯亮时，划线器进入工作状态。

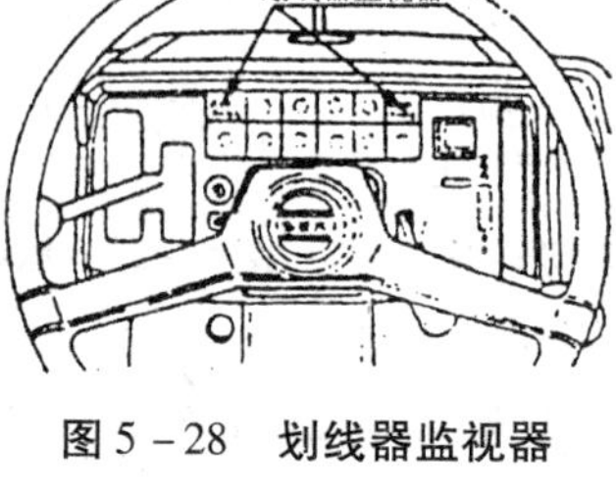

图 5－28　划线器监视器

3. 各操作装置功能

（1）手油门（图 5－29）：杆拉起时，发动机转速增加；推下时，转速下降。

（2）油门踏板（图 5－30）：踩踏板时，发动机转速会增加。

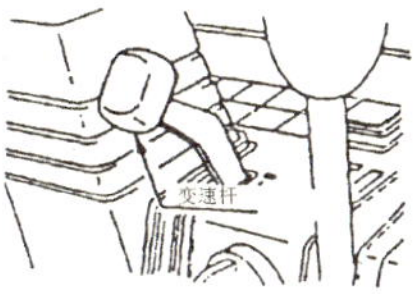

图 5－29　油门变速杆

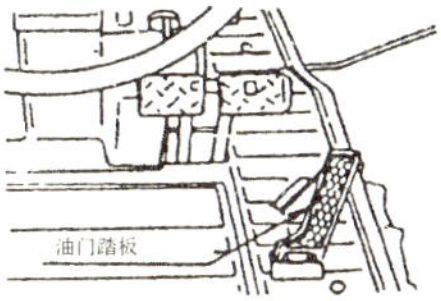

图 5－30　油门踏板

（3）风门（图 5－31）：在发动机冷的情况下，可拉起风门手柄，启动发动机。启动后，应推回风门。

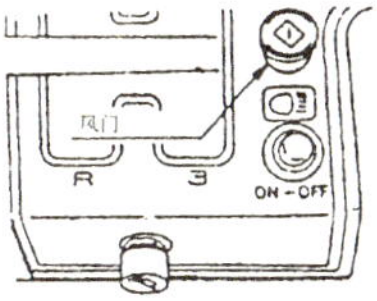

图 5－31　风门

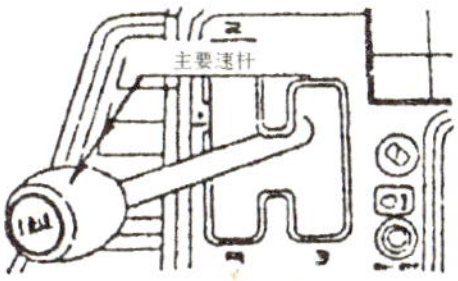

图 5－32　主变速杆

（4）主变速杆（图 5－32）：主变速杆可改变车速，前进时分 3 挡（1、2 挡为插秧，3 挡为行驶），后退时为 1 挡、PTO 轴和空挡。

（5）副变速杆（图 5－33）：副变速杆与主变速杆一起使用时，可改变车速。杆往外推为“增速”，往里拉为“减速”。

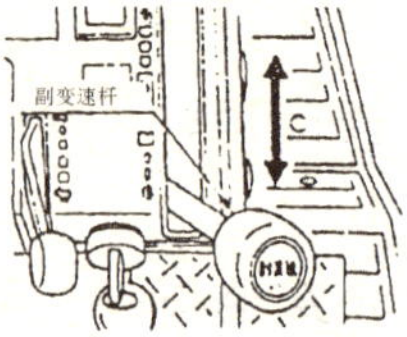

图 5－33 副变速杆

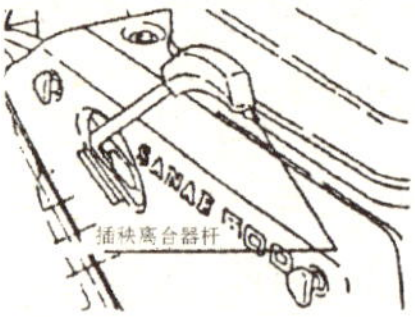

图 5－34 插秧离合器杆

（6）插秧离合器杆（图 5－34）：利用此杆可控制插秧装置的上升和下降，以及插秧装置的动力传输。

（7）方向盘角度调节杆（图 5－35）：方向盘角度调节杆为方向盘锁定装置。打开时，方向盘位置可以调节，调节完后再用调节杆锁定。

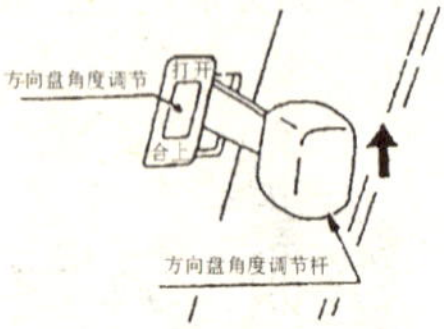

图 5－35 方向盘角度调节杆

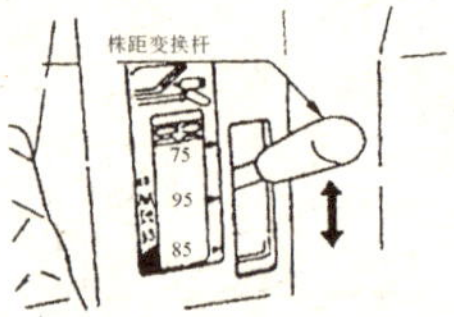

图 5－36 株距变换杆

（8）株距变换杆（图 5－36）：株距调节杆可上下调节，改变插秧时的株距。

注意：只有当主变速杆在 PTO 位置上、发动机低速运转时，方可调节此杆。

（9）株距副变速插孔（图 5－37）：可通过株距副变速插孔选择最合适株距的备用插孔。

注意：不能变换时，请先移动插秧臂。

图 5－37　株距副变速插孔

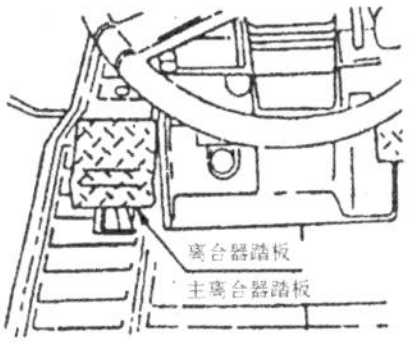

图 5－38　离合器踏板

（10）离合器踏板（主离合器踏板）（图 5－38）：离合器踏板用来连接或切断主离合器。踏下时，主离合器切断；再踩一下，离合器就会重新连上。

（11）刹车踏板（图 5－39）：踩左侧的踏板时，与左侧的后轮连接；踩右侧的踏板时，与右侧的后轮连接。转弯时，踩转弯一侧的踏板。不在田间时，特别是行驶时，应连接好左右刹车。

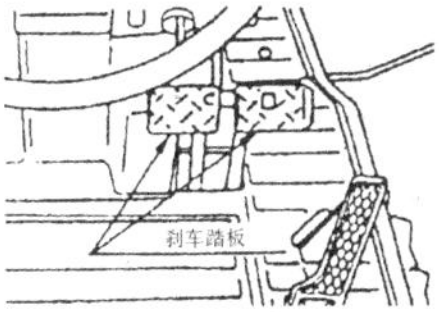

图 5－39　刹车踏板

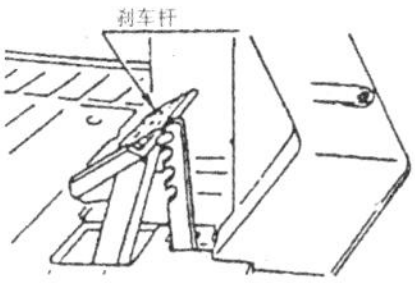

图 5－40　刹车杆

（12）刹车杆（图 5－40）：刹车杆可让插秧机停车。

（13）转向踏板（差速器锁定踏板）（图 5－41）：在插秧机后轮打滑时使用，转方向盘时，不要踩踏板。

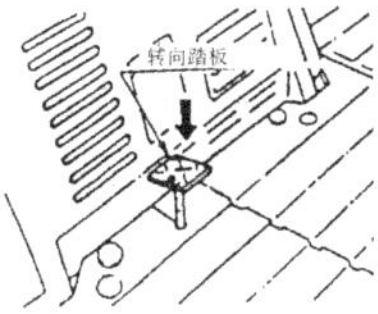

图 5－41　转向踏板

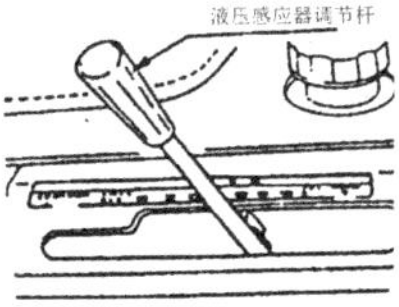

图 5－42　液压感应器调节杆

（14）液压感应器调节杆（图5－42）：根据地块的软硬程度，可改变液压传感器的灵敏度。此杆在“固定”位置上时，插秧装置不会下降。

（15）插秧深度调节杆（图5－43）：插秧深度调节杆可用于调节插秧深度。固定在上面时为浅，固定在下面时为深。

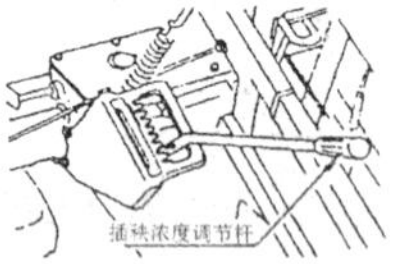

图5－43　**插秧深度调节杆**

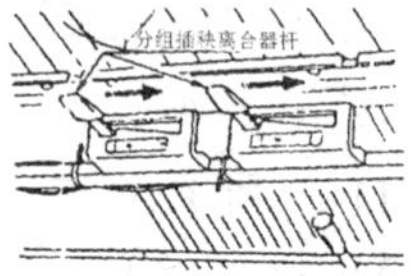

图5－44　**分组插秧离合器杆**

（16）分组插秧离合器杆（图5－44）：分组插秧离合器杆共有三组，可以分别操纵每组两行插秧臂的工作状态。用于根据田间的情况，调整插秧的行数。

（17）纵向取苗量调节杆（图5－45）：纵向取苗量调节杆可用于调节纵向取苗量，移到右侧时取苗量最小。

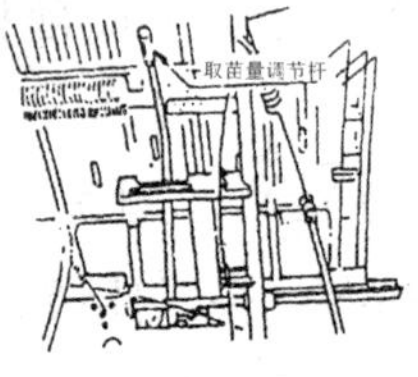

图5－45　**纵向取苗量调节杆**

图5－46　**横向输送量调节杆**

（18）横向输送量调节杆（图5－46）：横向输送量调节杆可用于调节横向输送量，在苗箱移动至两端时调节。

(19) 压苗解除杆（图 5－47）：需要取出秧苗时，请把杆放在“撤销”位置上。

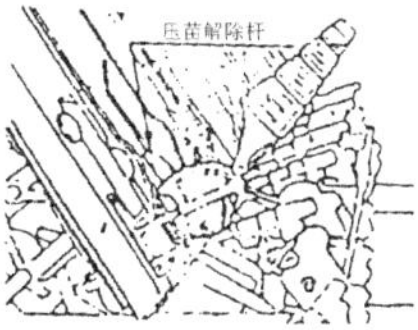

图 5－47 压苗解除杆

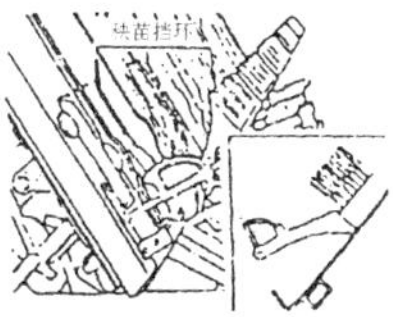

图 5－48 秧苗挡环

(20) 秧苗挡环（图 5－48）：秧苗挡环用于边行不需插秧时，推下挡环把该行秧苗挡住，栽植臂抓不到秧，而停止插秧。停止两行插秧臂时用分组插秧离合器。

第五节 水稻机械化插秧农艺技术要点

机械化的基本要求就是标准化，因此为了确保机械化插秧的栽插质量，必须在育秧的过程中保证秧苗的规范性，即：秧块尺寸标准；秧苗均匀健壮；秧苗根部盘结良好，提起不散。各地应结合当地生产条件和农艺技术要求进行水稻机械插秧的秧苗准备。这里以成都平原为例，介绍机插秧秧苗培育的主要农艺技术要求。

一、营养土准备

每亩大田准备过筛细土 100 kg（pH 值在 6.5 以下），细土里面加入 20 g 敌克松、500～800 g 壮秧剂，均匀混合，播前堆沤7～15天，期间不加任何化学肥料。

二、秧田准备

按照1：80～100的比例留足秧田，整细耙平，开沟做厢，秧板规格为厢宽1.4 m，秧沟宽0.3 m，秧沟深0.2 m，秧厢需做到“实、平、光、直”。

三、附件的准备

1. 农膜、竹片的准备；

2. 每亩大田需准备58 cm×28 cm秧盘25～28盘。

四、种子的准备

1. 确定播种量：每亩大田应备足发芽率在95%以上，发芽势90%以上的优质稻种1.5 kg。

2. 种子处理：种子需进行晒种、浸种、消毒处理；

3. 温室催芽至破胸即可以留备用。

五、播种

1. 按照插秧日期倒推30～40天以确定播种时间；

2. 用浓度为1‰的敌克松溶液对秧厢进行消毒（用喷雾器或者洒水壶喷洒）；

3. 整齐铺放塑料软盘，每行秧厢放两排；并再次用1‰的敌克松溶液对软盘进行消毒；

4. 在软盘中铺底土（营养土），底土厚度为2 cm；

5. 均匀播种，每盘播芽谷75～90 g（折合干种50～60 g）；

6. 用营养土浅盖稻种，以刚看不见稻种为宜，盖种土不能含有化肥；

7. 盖种后慢水浸灌，盖种土浸湿后断水，让水自然落干；

8. 搭建拱棚，用竹片弯成弓形插入秧沟，上面覆盖塑料薄膜，搭建小拱棚。

六、秧苗旱管

秧苗旱管与传统的旱育秧管理方式基本一致。1.5～2.5 叶期注意防寒，预防青枯病、立枯病。

七、大田准备

1. 大田施肥

每亩施底肥应按碳铵 40 kg、磷肥 40 kg、粪水 20～30担进行作业。

2. 大田耕作

旋耕深度为 8～10 cm（下湿田浸泡 1～2 天后采用耙耕作业即可），要求地表起浆平整，水面控制在 0.5～2 cm，田整好后自然沉实 1～2 天即可插秧。

第六章
联合收割机

收获是粮食生产的一个重要环节，对于作物的产量和品质具有很大的影响。在四川省，收获期间容易受到风、雨甚至冰雹的影响而造成损失。因此实现水稻和小麦的机械化收获对提高劳动生产率、减轻劳动强度、确保农户增产增收具有非常重要的意义。

现阶段，四川省广泛使用的是稻麦收割机械，正在示范推广油菜和马铃薯收获机械，本书主要针对稻麦联合收割机进行介绍。

第一节　联合收割机的分类

目前，国内生产的联合收割机种类和型号繁多，按行走方式可分为轮式、履带式；按动力供给可分为自走式、背负式；按作物喂入方式可分为全喂入、半喂入式。

轮式收割机田间转移灵活，但是对湿度较大的田块适应性、通过性较差；履带式收割机对土壤的压力均衡，田间的通过性好，但是长距离转移时需要拖车背负。

全喂入收割机结构简单，但是由于茎秆和穗部全部进入脱粒滚筒，功率损失较大；半喂入收割机只有穗部进入脱粒滚筒，茎秆保持完整，因而功耗较小，但机具的结构复杂，一般价格较高。

近年来四川省也引进过割前脱式联合收割机，这种机具作业时只将作物的穗部梳去或送入脱粒室脱粒，秸秆仍然立于田间。该结构虽然作业效率高、功耗小，但是机具体积庞大，对倒伏作物适应性很差。

第二节　联合收割机的基本结构与调整

按照作物的喂入方式，联合收割机可分为全喂入和半喂入两种，本书主要针对使用广泛的全喂入履带式收割机进行介绍，下面以浙江三联 4LZ-2.0 型联合收割机为例进行详细说明。

一、割台部件的构造、作用

割台是收割机作业时切割和输送作物的部件，通过位于割台后面的传动轴套管上的轴座悬挂在底盘前横梁上。割台部件主要由分禾器、拨禾轮、切割器、传动机构、割台搅龙、割台机架等组成（见图6－1）。

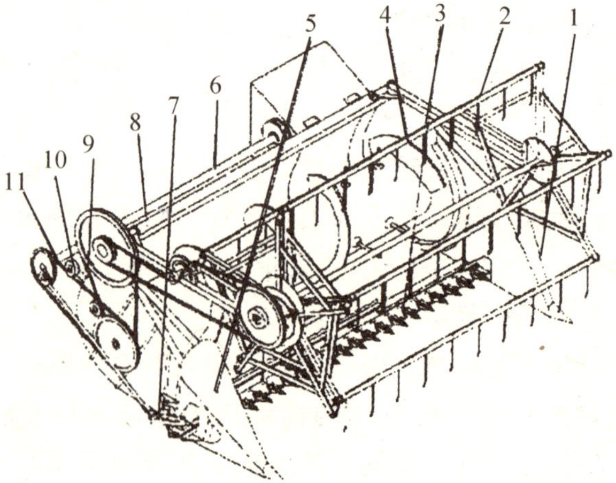

图6－1 割台总成结构图

1. 左分禾 2. 拨禾轮总成 3. 切割器总成 4. 割台搅龙总成
5. 右分禾 6. 割台传动总成 7. 动刀传动总成 8. 割台机架总成
9. “V”带（C型）

二次切割装置安装在割台下方，其目的是解决收割高秆高产作物时，留茬过高的缺陷，并能提高收割的功效。故该装置只是作为本机的一种附件，供用户选择使用。

收割时，应将上切割器控制在40～45 cm的高度；千万不可在机具前倾或割台尚未提起时就合上工作离合器。当机具到达田埂时，应迅速提起割台；当机具再进行收割时，别忘了将上切割器重新控制在40

~50 cm的高度；工作中要随时注意二次切割装置的工作状况，一旦发现有异常情况，应立即停机检查。

当割台从最低位置刚升起时，二次切割装置不会上升；当割台升起时，二次切割装置将随割台而提升；当割台升至最高时，二次切割装置将贴着割台底部，其最低离地间隙约30 mm左右。用户在使用时请务必注意过埂时，应垂直缓慢而过，当田埂高度超过20 cm时，应用铁铲降低田埂，绝不可斜着翻越田埂。

（一）分禾器

分禾器的主要作用是将割区内外作物分开，并在拨禾轮的共同作用下将两分禾器之间的作物导入割台切割。操作时要注意观察，不要撞坏分禾器。

分禾器的调整：分禾器尖应与最外侧护刃器尖相对应或有少许外倾斜。分禾器向内倾斜时割幅减小，内倾过大会将作物向分禾器外排挤拥倒，同时也会减小生产率；分禾器向外侧倾斜过大时会增大割幅，造成端部割刀切割量大或堵刀，导致切割装置工作不正常。

（二）切割装置

主切割装置是由动刀片、定刀片、刀杆、护刃器、压刃器、摩擦片、护刃器梁、调整垫片等组成，二次切割装置与主切割装置基本相同（图6－2）。

定刀片铆接于护刃器上，护刃器用两个螺栓固定在护刃器梁上。动刀片铆接在刀杆上，由动刀传动机构带动刀杆在定刀片与压刃器之间作往复运动，切断茎秆。刀杆上装有输送齿条，起辅助输送作用。切割装置的调整，如图 6－3 所示：

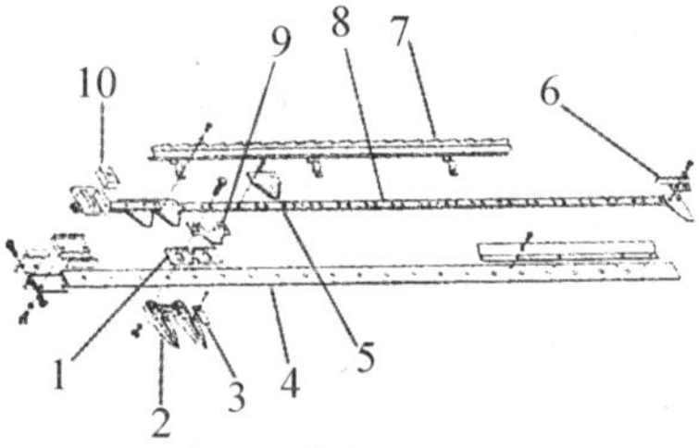

图 6－2　切割装置结构图

1. 摩擦片　2. 护刃器　3. 定刀片　4. 护刃器梁　5. 动刀片　6. 输送小齿条　7. 输送齿条　8. 刀杆　9. 压刃器　10. 动刀滑块

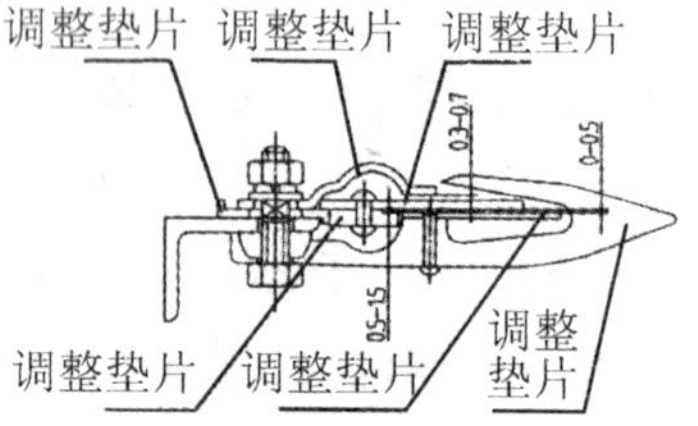

图 6－3　切割装置的调整

1. 动刀片、定刀片间隙调整：动刀片与定刀片之间应有适当的间隙，动刀片在往复运动时，不允许紧压在定刀片上。动、定刀片的前端允许有不大于 0.5 mm的间隙，后端应有0.5～1.5 mm 的间隙，但后端间隙达到 1.5 mm 的这部分不能超过全部刀片的1/3。如果动刀片、定刀片间隙过大，切割的效果会变差，甚至切不断秸秆；如果间隙太小，又容易导致刀片的磨损加剧。这时应先检查刀片和刀杆，如发现变形则须先矫正。动刀片、定刀片的间隙，可通过在护刃器梁上的固定护刃器的螺栓处加减垫片来调整。如果动、定刀片后端间隙过大，则可在螺栓前部加垫片。割刀经调整后应能用手拉动自如；如果动、定刀片前端间隙过大，则可在螺栓后部加垫片。

2. 压刃器与摩擦片间的间隙调整：压刃器与摩擦片间的间隙不能超过0.5 mm，但也不能过紧。

3. 压刃器与动刀片间隙调整：压刃器和动刀片之间应有0.3～0.7 mm的间隙，割刀往复运动时应能灵活移动，如有过紧卡死或间隙过大的情况，用加减垫片的方法来调整间隙。

4. 动刀片行程的调整：动刀在两端极限位置时，动刀片的中心线与定刀片的中心线应重合，允许有小于5 mm的偏差。偏差过大应调整连杆的长度。

5. 切割器总成整列调整：各护刃器尖端的间距应一致，偏差不大于±2 mm，否则应矫正。

注意：切割器右边为滑槽，因来回高速运动摩擦，应经常加注机油，否则会影响使用寿命。

（三）拨禾轮

拨禾轮为偏心拨齿式。拨禾轮旋转时，弹性拨齿与地面始终保持一定的角度，有利于弹性拨齿插入、扶起、扶持和拨放作物，减少拨禾齿对作物穗头的撞击。它的作用是将作物拨向切割器，将切割后的作物拨向割台搅龙，对倒伏作物具有扶起作用。拨禾轮的调节方法如图6－4所示。

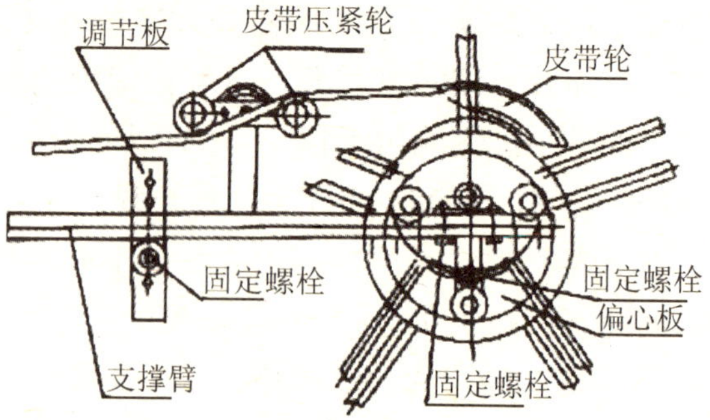

图 6－4 拨禾轮示意图

1. 拨禾轮的高度调节

拨禾轮转到最低位置时，弹齿应作用在被切割作物 2/3 高度的部位，使割倒的作物能顺利铺放在割台上，当收割倒伏或矮秆作物时，拨禾轮可酌情调低。

对于不同的机型，拨禾轮高度有两种调节方式，即液压自动调节和手工调节。手工调节时，拧下拨禾轮臂与拨禾轮臂支架上的连接螺栓，上下移动拨禾轮，调到合适的位置后再重新紧固。调整后，拨禾轮左右高度应一致。液压自动调节时，通过推拉液压阀手柄来调节拨禾轮高度。

2. 拨禾轮的前后调整

拨禾轮与切割器是配合工作的，往前调时，拨禾作用加强而铺放作用减弱；往后调时，扶禾作用减弱而铺放作用加强，因此拨禾轮的调整要兼顾两方面的作用，一般使拨禾轮轴落在切割器上方略偏前为宜。

调整时，先松开拨禾轮传动皮带上的张紧轮，然后放松支撑臂上的固定螺栓，将拨禾轮前后移动到合适位置。调整后，将各螺栓拧紧并张紧传动皮带。

3. 拨禾弹齿倾斜角的调整

收割直立或轻微倒伏作物时，拨禾弹齿一般可垂直插入作物，以减少落粒损失。需增强铺放作用时，可将拨禾弹齿向前倾斜。收割倒伏作物时，拨禾弹齿应向后倾斜，以增强扶起作物的作用。

调整时，松开偏心板上的固定螺栓，使其沿圆弧方向移动，便可把拨禾弹齿调节到合适的倾斜角，调整后拧紧固定螺栓。

（四）割刀传动机构的结构与调整

割刀传动机构是割台的重要组成部分，它由偏心带轮、连杆、滑动球座、三角转板等组成。

球头与球头座的间隙要合适，以保证能灵活转动为宜，一般以 0.1 ~0.2 mm 为好，用增减垫片的方法来调节。当磨损而间隙增大出现明显晃动时，可减少垫片来进行调整，使球头活动自如（图 6 –5）。

（五）割台搅龙的结构与调整

割台搅龙位于切割器后面，将已割作物送往输送槽入口处，偏心伸缩扒指机构与输送带耙齿配合作用，把作物换向 90°送入输送槽。

割台搅龙叶片与割台底板间隙直接影响作物在割台上的横向输送性能，一般要求为 18 ~20 mm。当收获高秆、高产作物时间隙要调大，反之要调小。

调整时，松开割台左侧的浮动滑块下面螺栓的锁

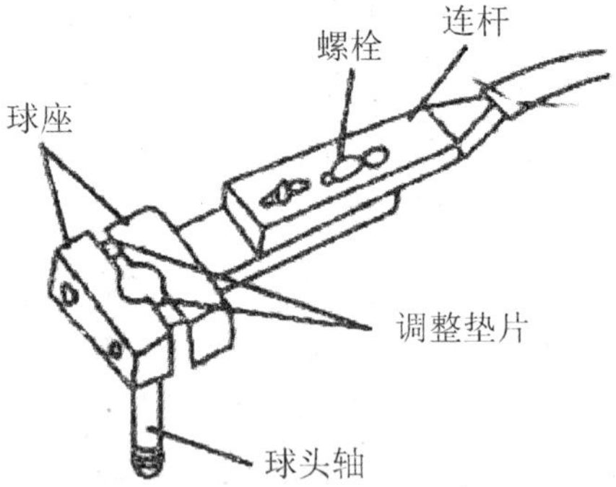

图 6－5　球头间隙调整示意图

紧螺母，顶起或放下滑块，改变搅龙在最低位置时叶片与底板的间隙，搅龙左端有滑块螺栓横穿着，此螺栓只起导向作用，用户切记不能将其锁紧，以免搅龙不能浮动而产生堵塞。

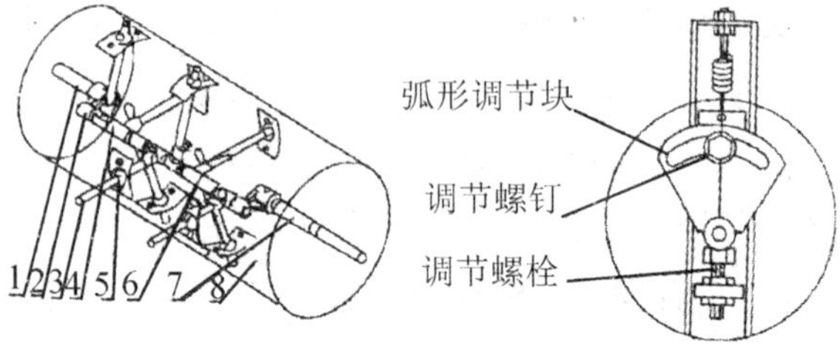

图 6－6　伸缩杆传动和调整示意图

1. 短轴　2. 双联轴套　3. 伸缩杆　4. 伸缩杆座
5. 圆球　6. 光轴　7. 固定轴　8. 搅龙圆筒

伸缩扒指机构（图 6－6）是通过伸缩扒指前伸后缩把作物纵扒送至输送槽入口处，扒指的伸缩位置会直接影响输送性能。割台搅龙旋转时伸缩扒指绕偏心轴旋转，在筒体的前半圆内伸出较长，在后半圆内伸出较短。当扒送长禾秆时需将扒指调到前上方位置时伸出最长；当扒送短禾秆时，调到前下方位置时伸出最短。调节偏心轴可以改变扒指伸缩位置和伸出长度。

调整时，松开短轴左端调节块弧形槽上的紧固螺栓，转动调节块，使左、右拐臂及调节轴相对于搅龙体中心转过一定角度，改变伸缩扒指伸出的方位。拐臂的方位与调节块上的键槽方向是一致的，因此根据键槽方向便可判断伸缩扒指的伸出方位，即：使伸缩扒指在与输送槽被动滚筒相对的方向缩至最短，且不碰到输送带耙齿为宜，调整后，紧固螺栓。

（六）二次切割装置

二次切割装置安装在割台后下方，其目的是解决收割高产、高秆作物时留茬过高的缺陷，并提高收割功效。该装置一般是附件，用户可选择是否使用。

注意：二次切割装置主要用于收割水稻，但不宜用于收割小麦，否则可能会由于麦田杂草太多及麦沟造成卡刀，影响正常作业。对倒伏作物也不宜采用二次切割装置。二次切割装置适应收割茎秆高度超过95 cm、亩产量在500 kg以上的直立水稻。

二、中间输送

中间输送位于整机左侧，连接割台和脱粒机，上部固定在脱粒机喂入口的两侧的机架上，下部搭在割台喂入口的过渡板上，其作用是将割台搅龙伸缩扒指送来的作物由输送带通过输送槽均匀地输送到脱粒机构进行脱粒和清选。其结构见图6－7。

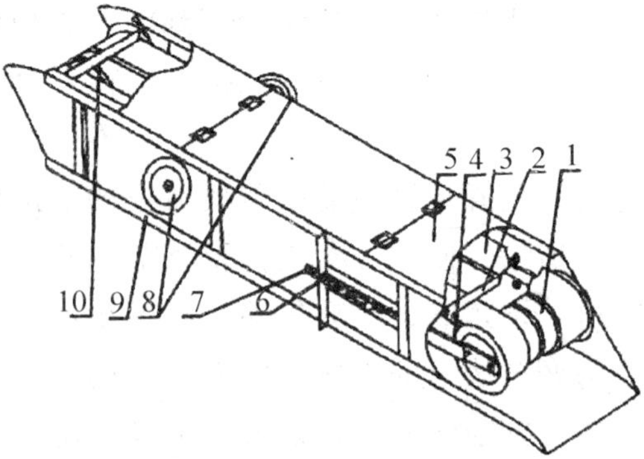

图6－7　输送槽结构图

1. 被动滚筒　2. 耙齿　3. 输送带　4. 撑板　5. 活动盖板　6. 调节螺母　7. 调节螺杆　8. 皮带轮　9. 输送架　10. 主动滚筒

为了适应由于喂入量的变化而带来的作物层厚薄不同，被动滚筒能上下浮动。其最低和最高位置都由限位装置限定，作业时要经常检查被动滚筒是否有浮动。

输送带的调整：输送带正常工作时需要有一定的张紧程度。在空运转时以输送下边带下垂弧形部位的耙齿能轻轻刮到底板为宜。若需张紧，松开两侧张紧调节螺杆后的锁紧螺母，拧紧调节螺杆前的锁紧螺母，把撑板推向前，使平皮带张紧，反之则放松。两条平皮带的张紧程度要一致，否则会跑偏。张紧完毕后进行小油门试运转，检查输送带是否跑偏。当输送带跑偏时，应张紧松边皮带，或者放松紧边皮带。

输送带张紧调整后，还应做下列检查：割台升至最离位置时，输送带上的耙齿与割台搅龙伸缩扒指顶应留有 10～20 mm 的间隙。若太小，可把输送带截短一截，接好后再张紧。

在主动滚筒下边装有切草刀，用于切断缠绕在滚筒上的回草，刀口与滚筒的间隙为 1～2 mm，要经常清理其中的积草。

三、脱粒机

脱粒机位于整机后部，将输送槽送来的作物进行脱粒、分离、清选、复脱、装袋等作业。

（一）脱粒滚筒结构与调整

脱粒滚筒是脱粒机的主要部件，采用了轴流、钉齿脱粒滚筒。

工作时谷物在滚筒与凹板筛、滚筒盖和导向板之间受到高速旋转钉齿的多次打击、梳刷、翻动、揉搓并做轴向螺旋移动，使茎秆上的子粒脱粒干净，彻底分离。

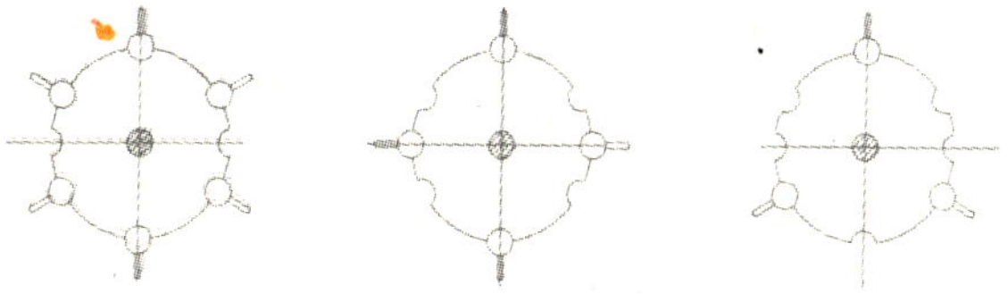

a.六杆　　b.四杆　　c.三杆

图 6－8　齿杆

出厂时，脱粒滚筒上一般装有六条齿杆，如图 6－8 所示，用户在使用过程中可根据作物品种、产量及成熟程度（以能脱净不夹带、不堵塞为好）重新调整安装成三条、四条或保持六条，以便尽可能减少功率消耗，降低子粒的破碎。

1. 收获粳稻时，滚筒可不作调整，保持出厂时的六杆状态。

2. 收获籼稻时，滚筒可拆下钉齿齿杆，如上图（c）所示三杆方式安装齿杆。若作物茎秆长，可在滚筒幅板上装上四条齿杆，安装位置如上图（b）所示。若仍有较多夹带损失，则必须装上全部齿杆。

3. 收获大麦、小麦时，如遇产量较高或不够成熟，则将脱粒滚筒装上四条齿杆。若仍有较多夹带损失，则必须装上全部齿杆。

总之，齿杆的数量多少由作物的品种、产量、成熟程度而定。

安装齿杆时，注意不要遗失调整垫片，以免影响滚筒的动平衡。

（二）凹板筛结构

凹板筛采用固定栅格式，其结构具有分离面积大、分离性能好、夹带损失少等优点。

（三）风扇及其风速调整

风扇装置由两个农用风扇和气流通道组成，它根据子粒和杂物在气流场中飘浮能力不同的原理，将落入气流场中混杂在子粒里的颖壳、碎秸等轻杂余物吹出机外，谷粒则穿过气流场直接落入到出谷搅龙，达到风选的目的。

风扇的转速可根据作物的品种、成熟程度、草谷比等不同情况来选择，一般收割小麦时选择高转速；收割籼稻、粳稻或成熟度高的作物时，可选低转速；要降低含杂率时选高转速（但可能会增加损失）；要减少吹出损失时选低转速（相应的可能会增加含杂率）。

（四）滚筒盖结构与调整

滚筒盖与凹板筛共同组成了脱粒室，滚筒盖内装有四条螺旋导向板，用以控制物料轴向移动的速度，使作物向右端推进，把茎秆从排草口排出机外。倘若喂入量太大，物料不能及时排出造成堵塞时，只需暂停前进收割作物，故障一般能自行排除，也可停机打开滚筒盖清理排除故障。

当遇到收割粳稻等难脱粒的作物品种时，可将出口方向的第 2 块导向板拆去让作物在脱粒机内多停留一些时间，增加打击次数，使之能脱净谷粒。

导向板的高度约 60 mm 左右，如果磨损到 45 mm 以下时应更换导向板，否则会减弱输送物料的作用，增加功率消耗，增加清选负荷。

（五）振动筛的结构与调整

振动筛由上筛、下筛、尾筛、调节臂和传动机构组成。

上筛为鱼鳞筛，下筛为圆孔筛，用螺栓固定以便拆卸。

振动筛的传动机构由偏心链轮、连杆、曲柄、拐臂、筛轴等组成（图 6－9）。

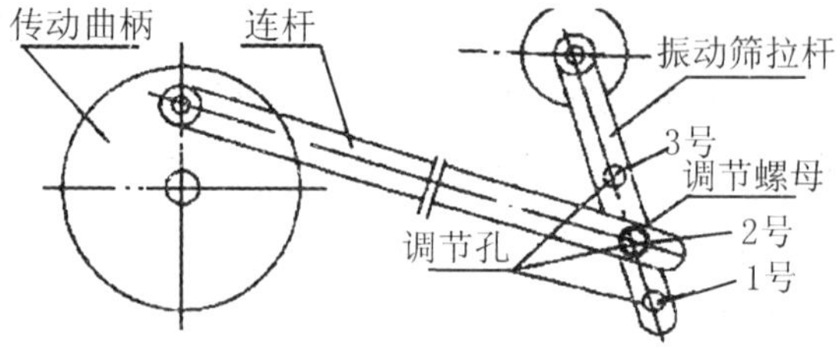

图6－9　振动筛传动机构

曲柄上有三个孔，用以调节振幅："3"孔的振幅最大，"1"孔的振幅最小，"2"孔为中间位置，出厂时安装在此位置。

振动筛的调整：在收获麦类或晚稻时，因清选量较大，可将连杆调到"3"孔处，增大振幅，以增强清选功能；收获早稻或清选量不大时则需减小振幅，可将连杆调到"1"孔处，以免产生清选损失。振动筛调节好后应紧固好螺栓。

尾筛角度的调整：机手应根据实际收割时的需要调整尾筛的角度。如尾筛角度过大，损失会减少，但含杂率会提高；如尾筛角度过小，含杂率会降低，但损失会增大。其调整方法为：松开调节臂上与尾筛侧板上的固定螺栓，将尾筛调整到合适的角度后紧固螺栓。

（六）子粒搅龙总成

出谷搅龙总成由水平搅龙和垂直搅龙组成，其作用是把经风扇和振动筛清选后的干净子粒输送至粮箱，由接粮员进行装袋卸粮（储粮仓式机型不需要装袋）。水平搅龙与垂直搅龙的过渡处和垂直搅龙出粮口的过渡处都装有观察口，当出粮通道堵塞时，操作人员可打开观察口进行清理。水平搅龙的动力输入端装有安全离合器，安全离合器由固定链轮、滑动链轮、压缩弹簧、挡片和圆螺母组成。固定链轮和滑动链轮上有接合牙嵌，在弹簧的压力下接合在一起，动力通过固定链轮带动滑动链轮，滑动链轮通过花键和链条分别带动水平搅龙与二次水平搅龙转动，使干净子粒和杂余能顺利输送。

当子粒搅龙或二次搅龙发生堵塞时，搅龙阻力增大，滑动链轮受到的轴向推力增大，压缩弹簧，滑动链轮向外滑动，使牙嵌分离打滑，并发出“咔、咔”声响。这时应停下收割机，熄灭发动机后，仔细检查子粒搅龙或二次搅龙，找出堵塞的地方，并清理堵塞。收割时应注意调节好弹簧压力，如压力过大，则起不到安全离合的作用；如压力过小，则不能正常输送子粒或杂余，即在正常工作负荷下，也会产生打滑。通过调节圆螺母，使弹簧适当压缩，既能保证正常收割，又能在搅龙产生堵塞时安全分离，从而保证搅龙、链条等零部件不会因堵塞而损坏。注意在弹簧压力调好后，应把两个圆螺母并紧，防止工作中螺母松动。

（七）二次搅龙总成

二次搅龙的作用是把未吹出机外的较大杂余和子粒混合物输送到复脱装置里进行二次脱粒，经过脱粒后的物料进入清选室再进行清选，以减少损失，降低含杂率。二次水平搅龙与垂直搅龙的过渡处和垂直搅龙出口的过渡处也都装有观察口，当出口通道堵塞时，应及时停机清理。如杂余量过多，二次搅龙就会产生堵塞。堵塞时，水平搅龙上的安全离合器同样会产生打滑，并发出“咔、咔”声响。

（八）复脱装置

复脱装置的作用是把二次搅龙输送来的未吹出机外的较大杂余和子粒混合物再次脱粒，以提高子粒清洁度和降低损失。复脱装置由复脱机架、复脱滚筒、复脱凹板、链轮、换向体、盖板等组成。

（九）储粮仓

储粮仓式的联合收割机既可以有接粮员接粮又可以集中放粮。集中放粮时，机手更要集中注意力进行作业。机手听到储粮仓的报警声或看到仪表上的谷满信号时，应停止向前收割，并让脱粒、清选等部件继续运转2～3分钟后，才能进行放粮。集中放粮有两种放粮口，一种是带螺旋输送器的高放粮口，可直接将粮食放到较高的运输车上，另一种是带放粮槽的低放粮口，可以将粮食放到较低的运输车上或直接将粮食装袋。

放粮操作过程如下：

1. 放下放粮口（高放粮口要插上固定销，低放粮口要抽出插板）；

2. 分离工作离合器和工作牙嵌离合器；

3. 合上卸粮离合器，再合上工作离合器，后分离卸粮离合器，再合上工作牙嵌离合器；

4. 卸完粮后，先分离工作离合器，后分离卸粮离合器，再合上工作牙嵌离合器。

四、行走部件

行走部件主要由发动机、变速箱总成和行走轮系等组成。

（一）发动机

发动机是整机的心脏，农户在使用过程中一定要认真阅读随机附上的《发动机使用说明书》，严格按照说明书进行使用和调整。发动机水箱上安装了双层防尘装置，用户应经常清理表面的灰尘和杂物，以免水箱中的冷却水沸腾。

（二）行走底盘

行走底盘由变速箱总成、行走机构等组成。

变速箱总成是由工农12型手扶拖拉机变速箱总成改制而成。主要对变速箱做了如下变动：

原转向光轴改为两根花键半轴；半轴两端分别加上蹄式制动器；将两只转向牙嵌齿轮改为有花键套的转向牙嵌齿轮；将驱动轴的轴承壳改成长轴承座，机架前轿支承臂安装在长轴轴承座上。

行走机构主要由驱动轮、支重轮、张紧轮、橡胶履带、张紧器、底盘机架等组成。

橡胶履带为加长加宽的轮齿式履带，它具有通过性好、不破坏田块和路面、结构简单、使用寿命较长等特点。橡胶履带的松紧度，直接影响机具的行走性能和履带的寿命，过松容易跳齿甚至脱轨，过紧会缩短使用寿命。合适的张紧度为用手在履带中间用200～300 N的向下压力，能使履带下垂量为15～20 mm为宜。

橡胶履带松紧度的调整：调整时松开锁紧螺母，将调节丝杆向前伸或向后缩，使张紧轮向前推出或向后缩回到合适位置后，再拧紧螺母（图6－10）。

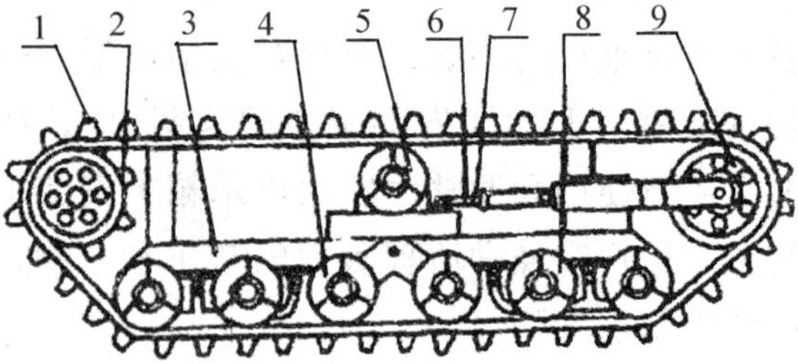

图6－10　行走底盘结构图

1. 橡胶履带　2. 驱动轮　3. 行走机架　4. 平衡轮　5. 履带托轮　6. 调节螺杆　7. 调节螺母　8. 支重轮　9. 张紧轮

停车注意事项：

1. 离开驾驶座位前，先放下割台，然后关闭发动机，同时必须取下钥匙；

2. 在行走中需要停车时，踩下行走离合器踏板，机器即停止行走，将变速挡放在空挡后才能松开踏板；紧急停车时，在踩下离合器踏板的同时，拉紧左右转向拉杆，然后将变速挡放在空挡，松开踏板；

3. 停车时应停在平整的地面上，如必须在倾斜的地面上停车时，应在履带前或后垫上防滑块。

五、操纵系统

操纵系统主要由行走离合机构、左右转向（制动）机构、割送脱离合机构、主变速组件、副变速组件、油门机构、操纵台和卸粮离合机构（仅限带储粮仓型）等组成。

（一）行走离合机构的操纵与调整

行走离合机构主要由离合踏板、拉杆、离合器等组成，是接合或切断从发动机传至行走底盘动力的传动机构，使用中用户一定要正确操纵。

1. 行走离合机构的操纵

行走离合器踏板向前踏，切断发动机传向变速箱的动力；松开踏板，踏板回至原位传递动力。

2. 行走离合机构的调整

在离合器踏板处在合的位置时，旋松分离杠杆上的锁紧螺母，旋转调整螺母进行调整，调整时用0.3～0.5 mm的厚薄规进行测量，调整好后锁紧螺母。同时分别调整各拉杆接头的长度，使离合器脚踏板踏到底，能完全切断动力传动，放松脚踏板，能使离合器良好的结合。

（二）左右转向（制动）机构的操纵与调整

转向（制动）是联合收割机安全行驶和安全作业的保证，行驶和作业前一定要检查联合收割机转向（制动）是否灵活、可靠。

联合收割机工作时，变速箱中央传动齿轮接受变速箱传递的动力，通过中央齿轮的牙嵌与转向齿轮紧密结合，使转向齿轮传动减速齿轮，带动驱动轴，驱动联合收割机前进。左右转向（制动）机构见图6－11。

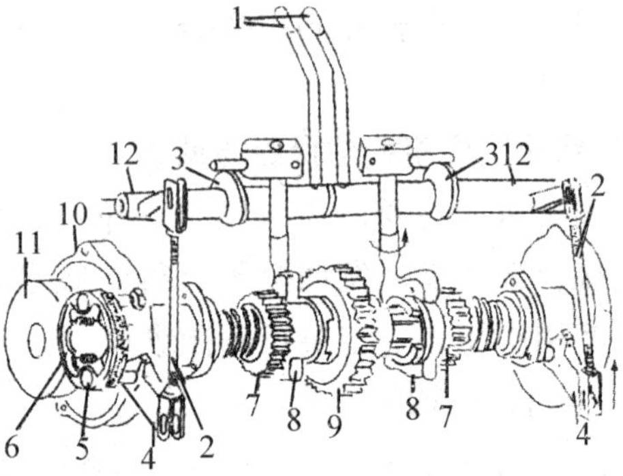

图6－11　左右转向（制动）机构示意图

1. 转向手柄　2. 拉杆　3. 凸块　4. 制动臂　5. 制动转轴
6. 制动蹄　7. 转向齿轮　8. 转向拨叉　9. 中央齿轮　10. 制动器壳
11. 制动毂　12. 轴管

1. 左右转向机构的操纵

左右转向机构主要由转向手柄、拉杆、转向拨叉、转向齿轮、中央齿轮、花键半轴、制动蹄、制动器壳、制动毂等组成。操作时，将左边转向手柄向后拉，通过拉杆、拨叉等零件，先脱开花键半轴上的转向牙嵌齿轮切断动力，可实现向左大转弯半径转弯；继续拉动转向手柄并拉到底，制动蹄与制动器起作用，将花键半轴制动，机具向左急转弯。同理，将右边转向手柄向后拉，可实现向右转弯。若左右转向手柄同时拉到底，即实现制动。

2. 转向机构的调整方法

转向机构的工作原则是“先分离后制动”，即中央齿轮与转向齿轮分离，切断动力后再制动。如果中央齿轮与转向齿轮分离后制动失灵，将会造成拨叉磨损；如果中央齿轮与转向齿轮未分离已制动，则有可能造成制动器壳体的损坏。

调整过程为：①需要二人配合进行，以一人坐在驾驶台上拉动操纵手柄至操纵台上平面的长槽中心并固定好。②另一人站在操纵台前方，手按转向臂检查是否有自由行程。如果无自由行程，即表示牙嵌转向齿轮已与动力齿轮脱开，从而切除了动力传递；如果还有自由行程，说明牙嵌转向齿轮尚未脱开动力传递齿轮，则应将摇臂活块座往里移。同时还需按同样方法调整制动臂的自由行程，制动臂的自由行程在15 mm左右，如果这个行程太大或太小，应将拉杆的长槽接头调短或调长。③坐在驾驶台上的操作者将操纵手柄拉到长槽底，另一人检查制动臂是否还有自由行程，如果还有自由行程，证明制动不可靠，应将拉杆的长槽接头调短，直到消除自由行程为止。

注意：操纵台上的拉杆，芯轴与套筒沿处，需加适量的机油润滑，以防卡阻现象的发生。

（三）割、送、脱离合机构的操纵与调整

割、送、脱离合机构，主要由手柄、弧形板、拉杆、接头及安装在传动轴端上的离合器等组成，用来接合或切断整机割台、输送、脱粒三大部件工作的动力。它的操纵和调整与行走离合机构基本相同，只不过用手柄代替了踏板。

（四）液压系统

本机的液压系统用于割台、二次切割装置和拨禾轮的升降，其主要由油箱、齿轮泵、手动阀、液压缸和油管等组成（图6－12）。

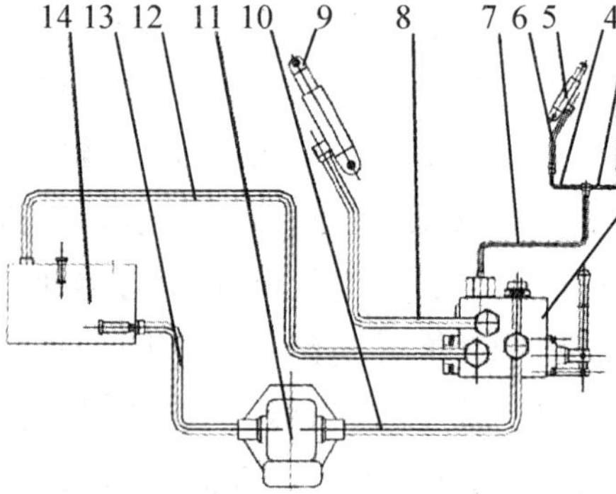

图6－12 液压系统示意图

1. 手动复合滑阀 2. 高压油管（1） 3. 铁油管（1） 4. 铁油管（2） 5. 拨禾轮升降油缸 6. 高压油管（2） 7. 高压油管（3） 8. 高压油管（4） 9. 割台升降油缸 10. 高压油管（5） 11. 齿轮泵（E306） 12. 回油管 13. 进油管 14. 液压油箱

液压油箱可盛6～10 kg N32液压油，出油口设有滤清器，油箱底面有放油螺塞。新机投入使用后50小时进行第一次保养，以后每个收获季节保养一次，换液压油、清洗滤清器和油箱。

机手通过操作手动阀手柄即可控制割台、二次切割装置和拨禾轮的位置，割台与二次切割装置设有联动机构，即割台上下动作时，二次切割装置也会上下动作。作业时，必须先操纵割台手动阀，使割台下降到合适高度，使其割刀至留茬高度；田间转弯时，必须先提起割台，二次切割装置会随着上升，即可转弯，在上下坡或过田埂时，一定要先提起割台，待二次切割装置到贴近割台底板时，方可越坡过埂。拨禾轮的升降是通过手动阀上的另一个手柄来控制的。作业时，机手应根据作物的高低和倒伏状况来调节拨禾轮的高低。

第三节　联合收割机的使用与维护

为确保联合收割机良好的工作状态，保持机具较好的工作性能，必须对联合收割机进行正确的使用与维护。

一、驾驶方法

（一）作业前的检查

检查按照以下顺序进行：

1. 在联合收割机的周围观察一遍，检查：

（1）各部分是否有损伤、紧固件是否松动、污垢是否清除干净；

（2）润滑部位的润滑情况、传动部位的张紧情况；

（3）履带是否有损伤。

2. 前一天的异常部位

如果在前一天的作业中感觉到异常情况，则应检查异常是否会影响作业，如有影响则应及时调整或维修。

3. 打开发动机罩壳，检查：

（1）油路系统是否漏油、机油量是否充足、机油是否清洁。注意更换有损伤的油管，加足机油，并更换肮脏的机油；

（2）冷却水是否充足、冷却系统是否漏水，注意加水和修复漏水的地方；

（3）散热器上的灰尘和垃圾是否清理干净；

（4）空气滤清器的肮脏程度；

（5）冷却风扇皮带的张力是否合适、是否有损伤；

（6）电线的固定是否可靠、接头是否松动、电线是否有损伤。

4. 检查开关是否灵活可靠，灯和表是否正常。

5. 启动发动机，检查：

（1）发动机启动后是否有异常的声音、排气管排出废气的颜色；

（2）各操纵手柄的离合是否正常，左右转向的分离和制动是否灵活可靠。

（二）启动发动机的方法

按下列顺序进行：

1. 将变速杆置于空挡，工作离合器置于分离位置；

2. 接合电源总开关；

3. 旋松柴油滤清器出油螺钉，排除燃油系统内的空气；如燃油系统中存有较多的空气时，可旋松喷油泵放气螺钉，不断按压手动输油泵以排除系统内的空气，若柴油机经常使用，根据情况可省去这一手续；

4. 踩下油门至中速位置或把手油门放置中速位置，将钥匙旋转到“开”位置；

5. 将启动开关旋至“启动”位置启动发动机；

6. 发动机启动后，迅速松开手以便启动开关回原位，这时充电电路接通，电流表指针指向“+”；

7. 发动机启动后，将油门逐渐减小，使发动机处于小油门怠速空转，并检查柴油机运转是否正常，有无异常声响，特别注意机油压力是否正常，然后逐步加大油门使柴油机中等转速，空载运行5分钟左右进行暖机。

操作时请注意：

1. 发动机启动时启动电流很大，所以绝对不要连续启动10秒以上（在10秒内不能启动时，应将开关关上，等两分钟以上再进行启动）；

2. 在发动机运转中，绝对不要将启动开关转到“启动”位置，否则会损坏启动装置；

3. 柴油机负荷和转速的增减应逐步均匀地进行，一般不允许突增或突减；

4. 柴油机运转期间，必须随时注意观察仪表盘上的读数、排气烟色、运转声响是否正常，如有异常应立即停机检查；

5. 当冷却水温度达到 50℃，机油温度达到 40℃以上时才可以带负荷工作。

6. 启动发动机前请仔细阅读《发动机使用说明书》，并按照说明书进行操作。

（三）**起步、转向和停车方法**

1. 启动发动机

（1）操纵液压升降手柄，升起主切割装置和二次切割装置；

（2）踩下离合器踏板，分离行走离合器，挂上合适的挡位，慢慢松开离合器踏板直到离合器彻底结合，同时慢慢加大油门直到发动机的额定转速。

2. 转向方法

如将左转向操纵杆向后拉，则机器向左转向，操纵杆拉到底则左制动器起作用会向左急转弯；同理，如将右转向操纵杆向后拉，则机器会向右转向，操纵杆拉到底则右制动器起作用会向右急转弯。一般情况下使转向离合器分离即可，不要进行急转弯。

3. 行走方法

（1）收起接粮踏板、接粮护栏或接粮小座椅；

（2）折起分禾杆；

（3）把工作离合器和牙嵌离合器放在分离位置，主变速杆放在空挡位置，油门在中间位置启动发动机；

（4）操作液压升降手柄，使割台升起；

（5）在行走离合器处于分离状态下，操纵主、副变速杆，选择合适的行走速度；

（6）拉动转向操纵杆选择左转或右转。

4. 行走时注意

（1）在长距离转移时要用车装运；

（2）尽量避免在沙石路面上转弯，以免磨损履带；

（3）换挡时一定要踩下离合器踏板，使离合器处于分离状态，否则会引起变速箱故障；

（4）行走时宜采用高挡小油门；

（5）割台升起后如果持续时间过长会有下降的可能，这时要操纵液压手柄使割台上升。

（四）上下运输车的装卸方法

1. 折起分禾杆；

2. 收起接粮踏板、接粮护栏或接粮小座椅；

3. 把割台升到最高位置；

4. 副变速杆放在慢挡，降低发动机转速并将油门控制在中低位置（不可过低，否则容易熄火），缓慢装卸；

5. 左右履带要对正装卸板。在装卸板上不要转向；

6. 必须用绳索或铁丝捆绑底盘，使联合收割机可靠地固定在运输车上，主变速杆放在1挡，副变速杆放在慢挡；

7. 装车时采用前进方向上车，卸车时采用后退方向下车。

装卸时要注意：

（1）往运输车上下装卸时，请务必使用宽度在40 cm以上、长度为运输车辆厢高的3.5倍以上，坚固可靠的、构造上必须能防滑并能承受收割机重量的装卸板；

（2）装卸板的挂钩应准确无误地挂到运输装货台上，并与装货台没有明显的高低差；

（3）挂钩的强度必须能承受联合收割机的重量；

（4）装卸时不要让人接近联合收割机；

（5）选择平坦的场所装卸，同时由一名助手导向；

（6）在装卸板上绝对不可踩下行走离合器，也不要操纵左、右转向拉杆，否则可能会造成翻车；

（7）在通过装卸板与装货台的交接处时机具重心会突然变化，必须充分注意；

（8）必须缓慢装卸，否则会造成翻车。

二、作业操作要领

（一）调查作物条件和田块条件

根据田块的大小和作物的长势情况，合理采用收割方法，以便进行高效作业。

1. 调查作物情况

收割前应充分了解作物的品种、高度、成熟度、茎秆、子粒的含水率和倒伏情况，对机器作必要的调整。

如果茎秆高度低于 90 cm，作物倒伏时应取下二次切割装置，以利于更好地发挥机具的工作效能。

2. 调查田块条件并准备好田块

收割前应查明道路、过沟、过桥、过坎土壤和泥脚的深度情况。泥脚深度小于 25 cm 时都可有效地作业，在下陷没过脚背的田块中作业时，尽量避免在上次履带印迹上通过。

收割机下田时一般从田块右角进入。如果田埂不高，收割机能直接收割时可不必用人工收割，在田角斜割 3 ~ 4 次，可进行高效作业。田埂过高时要铲除或降低田埂，以防损坏二次切割装置。

如有异常情况发生时，必须马上关停发动机，拔出钥匙，将各操纵手柄全部分离，然后仔细检查发生异常情况的部位。

3. 田块中的收割方法

（1）接粮台一般在机具的右边，因此应该进行左回转收割；

（2）在收割特别大的田块时，可先在中间开道，将田块分成两块以上的田块进行收割，可以提高作业工效；

（3）不规则的田块先直线收割，然后再割剩余部分。

注意：在田埂边进行收割时，应注意不要让分禾器插入田埂。在田头转弯时请不要降低发动机转速，否则可能会造成堵塞或清选效果差。

（二）联合收割机作业时的操作方法和安全常识

1. 油门的使用

田间作业时，一定要用大油门，使机具在规定的转速下工作，以保证输送、脱粒和清选等工作部件的顺畅和机械的作业性能。进、出田块和过田埂时用小油门。

2. 过田埂和过沟的方法

过田埂时要用低速挡、小油门，正对田埂垂直进出。如果田埂高度在 10 cm 以上时，请事先铲平或用跳板，过较宽的沟时也一定要用跳板。

3. 选择合适的挡位

收割机换挡时，一定要将行走离合器先分离后再换挡。

当收割作物产量在 6750 kg/hm^2（450 kg/亩）以上或倒伏作物（倒伏角小于 60°）时，可采用Ⅱ挡收割；如果作物产量在 6000 kg/hm^2（400 kg/亩）左右时可选择Ⅲ挡；如果作物产量在 5250 kg/hm^2（350 kg/亩）以下时可用Ⅳ挡收割。

在收割倒伏、潮湿、未成熟、高秆高产作物时一定要用低挡作业，否则会产生损失大、含杂高等不良状况甚至堵塞。

注意：作物太湿时或夜间作业时，筛孔易堵塞，应及时清理。

安全常识：

（1）收割机工作时，无关人员不得靠近割台，以免发生人身伤害；

（2）当打开观察门清理堵塞时，接粮员绝不能用手直接清理。应先停下收割机并熄灭发动机后，用工具清理。清理后应把观察口关上并锁好，再进行收割作业；

（3）在田头转弯时请不要切断工作部件的离合器，也不要降低发动机转速，否则可能会造成堵塞或清选效果差；

（4）卸粮过程中严禁将手伸入放粮口。发生堵塞时，应首先熄灭发动机，再进行清理。

三、联合收割机的维护保养

为了保证机具有良好的作业性能，就必须做好维护保养工作。本产品的保养有班前保养、作业时的保养、班后保养和季度保养。

（一）**班前保养**

班前保养需清除机器内的灰尘、泥沙和缠草等杂物以及割台、中间输送、凹板、清选筛、搅龙和粮箱中的杂物。

（1）检查变速箱、柴油机等润滑油面和水箱中的水面高度，根据需要添足润滑油或水；

（2）检查各紧固件是否有松动，如有松动则应重新拧紧；

（3）检查各焊接件是否有裂缝、脱焊，如有则加以修复，不能修复的则应更换；

（4）检查各传动皮带、链条和履带的张紧是否合适，否则应及时调整；

（5）检查各易损件的磨损程度，必要时修复或更换；

（6）清理空气滤清器和水箱罩上的灰尘、杂物；

（7）各润滑点按规定加好润滑油；

（8）启动发动机做低速运转，检查各运转部件是否正常，各挡位的换挡、转向是否灵活可靠以及离合器的分离和结合是否可靠。

（二）作业时的保养

（1）新机初次作业时，要经常对各紧固件进行检查，连续3～5次后方可正常作业；

（2）随时注意收割机作业情况，避开或清除田间各种障碍，要及时清除工作部位的缠草、草屑和泥土。清理缠草、草屑和泥土时，必须使收割机停止运转；

（3）每作业4小时应对各运转部位注油一次，并注意调整各传动带（链）和履带的张紧度。

（三）班后保养

（1）清除机器内的灰尘、泥沙和缠草等杂物以及割台、中间输送、凹板、清选筛、搅龙和粮箱中的杂物；

（2）检查各紧固件是否有松动，如有则重新拧紧；

（3）检查各焊接件是否有裂缝、脱焊，如有则加以修复，不能修复的则更换；

（4）检查各传动皮带、链条和履带的张紧是否合适，否则应及时调整；

（5）检查各易损件的磨损程度，必要时修复或更换；

（6）清理空气滤清器和水箱罩上的灰尘、杂物；

（7）收割机停放时要让割台着地，不要悬挂；

（8）检查割刀状态及动、定刀片是否对中，如有异常应及时调整；

（9）检查刀杆和摩擦片的间隙是否过大，刀杆是否窜动，并及时调整摩擦片与刀杆的间隙，或将摩擦片调头使用；

（10）各润滑点按规定加好润滑油；

（11）对联合收割机进行妥善保养，不要日晒夜露。

（四）季度保养

季度保养除包括班前保养的全部内容外，还有以下保养内容：

（1）每季工作结束后，要全面进行保养一次。放出变速箱中的旧机油，更换成新机油；

（2）检查轴承磨损情况、机架与刀梁有无变形，更换损坏的零部件，加注润滑油；

（3）卸下传动带，挂在阴凉干燥通风处；

（4）卸下链条浸入机油盘中；

（5）动刀、定刀及压刃器有山脚刃或磨损严重的应更换，铆钉松动的应重新拧紧；

检查完毕后，凡有脱漆部分应重新补漆，然后将收割机存放在室内或有盖的棚里，防止受潮和日晒雨淋；用木板将割台垫起离地并放平，以免机架变形；放掉燃油和水箱内的冷却水以免冻坏发动机。

（五）加注润滑油的部位

联合收割机作业条件差，各运动部件在相对运动时很容易造成机具磨损。为保证收割机正常工作、提高工作可靠性、减小磨损、延长使用寿命，必须在工作一段时间后按规定对确定的部位进行润滑。请先将整机清理干净后在各润滑部位加注润滑油（表6－1）。

表 6－1　润滑部位、润滑时间及润滑剂

项目	润滑部位	润滑时间	润滑剂
割台部件	拨禾轮回转点、拨禾轮轴套、拨禾轮偏心轮、伸缩杆导套、搅龙滑块、张紧轮轴套	每班	机油
	动刀、压刃器、刀杆滑块、摩擦片	5 小时	机油
	连杆、摆杆、摆杆球头、搅龙左端支承轴承	每班	黄油
	搅龙拐臂	每二班	机油
	张紧轮轴承	每二班	黄油
	割台传动轴	一星期	黄油
输送部件	输送槽主动轮轴承、输送槽被动轮轴承	每班	黄油
	中间轴轴承、张紧轮轴承	每二班	黄油

续　表

项目	润滑部位	润滑时间	润滑剂
脱粒部件	振动筛臂	每班	机油
	各传动链条	每班	机油或黄油
	主滚筒轴承、副滚筒轴承、换向体内齿轮和轴承、张紧轮轴承	每二班	黄油
底盘部件	工作离合器轴承和张紧轮、导向轮轴承、支重轮轴承、托轮轴承、平衡轮轴承	每三班	黄油

注：1. 除上表所述外，各铰接点、外露螺杆等每二班必须注机油润滑。

2. 发动机油底壳、液压油箱、行走变速箱按使用说明书进行保养。

第四节　其他收获机械

随着科学技术和农村经济的发展，机械化收获技术在其他作物的生产中也得到了较好的应用。

一、油菜收获机

油菜是一种成本低、经济效益较高、农作物茬口好、利于改良土壤以提高土地产出率的一种农作物，但由于人工收获时劳动强度大、收获困难，因此一直难以大面积推广种植。

根据国务院关于加快油料生产的意见，农业部农机化管理司决定从 2007 年开始加大油菜生产机械化进程，率先在长江流域“双低”油菜优势区的 11 个省启动油菜生产机械化试点工作。经过近两年的探索、示范，机械化收割基本被农户认可并接受。相信今后在各级农业管理部门的大力推广和政策扶持下，油菜收割机械化将会得到进一步发展。

现有的油菜收割机一般是在稻麦联合收割机的基础上进行改装或者改进而成的。即在割台部分加装立式割刀（图 6－13），以切断相互缠绕的油菜分支；割台底部加长 30～40 cm（图 6－14），以减少割台损失；适当加大割台搅龙的直径，避免出现茎秆缠绕的现象；加大输送槽的宽度和高度，避免出现堵塞；更换孔径较小的清选筛，提高清选效果。

图 6－13　立式割刀

图 6－14　加长割刀

油菜机械化收获的注意事项：

1. 油菜的成熟度要达到八至九成熟时才能进行收获，成熟度不够时会影响油菜的品质，又容易出现脱粒不干净，夹带损失大的现象。过熟会造成割台损失加大。

2. 应安装下割刀，这样既能减小喂入量，又能降低割茬高度。

3. 拨禾轮边缘的线速度应尽量与收割机的行走速

度一致，以减小拨禾轮的撞击和梳脱作用，减少田间损失。

二、马铃薯收获机

在四川省凉山彝族自治州和其他部分地区，马铃薯是农民脱贫致富和发展区域经济的重要作物之一。随着农业生产向集约化、产业化方向发展，马铃薯收获机械的需求日益增大。因此发展马铃薯机械化收获，提高机收质量，对于减轻农民的劳动强度，提高马铃薯收获效率，增加农民收入，都具有非常重要的意义。

1. 马铃薯收获机

马铃薯收获机的主要结构如图 6－15 所示：

图 6－15　马铃薯收获机

此类机具主要与 15～24 马力小四轮拖拉机配套作业，主要用于马铃薯、红薯等地下薯类的收获、成堆等工序。

2. 安装与调试

将机具下悬挂壁销轴插入拖拉机悬挂臂孔中，锁好销锁，机具上悬挂臂与拖拉机中央拉杆连接，可以通过旋转中央拉杆以调整机具深浅，分合变速箱固定到拖拉机的输出轴上，机具变速箱与分合变速箱以拐臂连接。

3. 技术保养与保管

（1）每班作业结束后应清除机具各部位的泥土；

（2）检查各部位的紧固件，如有松动应及时紧固；

（3）检查各转动部位是否转动灵活，如不正常，应及时调整和排除；

（4）长期不用时机具应注意防止雨淋，避免与酸性物质接触，刀片应涂油处理，以免腐蚀。

4. 存在的问题

（1）消耗功率大。大部分马铃薯收获机都没有专门的薯蔓分离装置，因而常发生缠绕，增大了阻力，使分离困难。由于其结构复杂，整机质量大，动力消耗大，在土壤和气候条件不良的情况下，常常功率不足；

（2）可靠性低。由于马铃薯收获机械的制造质量差，适应性不强，作业故障多，会导致停工次数增多，调整等待时间加长，因此工作可靠性低，降低了收获效率；

（3）生产率不高。目前大部分机型都只有挖掘功能，而分离清选输送功能差，挖掘出来的马铃薯有时还需人工拣拾分离，因而事实上劳动强度虽有改善，但手工工作量仍较大，使实际收获时间和收获成本都较高；

（4）利用率低。马铃薯收获期短，气候的变化对收获机械的使用性能要求高，但现有机具可靠性低，功能单一，因而实际利用率较低，投资回收期较长，限制了其进一步推广。

第五节　跨区作业常识

一、准备工作

1. 具备或者办理好相关证照，操作者必须拥有驾驶证，联合收割机和运输车辆要有行驶证。

2. 要对联合收割机和运输车辆进行认真的保养，确保良好的工作状态。特别是制动装置和手刹必须调试好。

3. 要对即将前往的地区的地理位置、收获时间、种植习惯、风俗习惯有一个全面的了解，确定合理的时间和路线。

4. 准备好随身物品，包括身份证、作业证和一定的资金，并携带一定数量的易损配件。

二、我国稻麦种植分布及收获期

全国90%以上的水稻集中于淮河、秦岭以南的南方地区，在东北和新疆的部分地区也有少量种植。按照栽培制度和品种类型又可分为：华南双季稻，主要在广东珠江三角洲、福建闽江、晋江和九龙江下游河谷盆地、广西浔江、郁江、贺江、桂江流域和柳江下游地区分布。长江中下游单、双季稻区，主要在南岭以北，淮河、秦岭以南的 12 个省市，水稻的种植面积和产量占全国的 2/3。收获时间在 6～11 月份，由南向北逐渐铺开。

小麦的种植以黄淮平原和长江流域最多，在云南、广西和江西也少有种植。小麦的收获期由南向北逐渐推迟，一般为每年的 4～7 月。

三、收割期间的注意事项

1. 最好能约定几个机组同行，相互之间有所照应，当遇到大的作业任务时又能相互配合与协作，顺利完成收获工作。

2. 办理 1～2 张银行卡，以便于现金多时存入银行，确保资金安全。

第七章 排灌机械

第一节　农用水泵

水是农作物生长必不可少的重要条件，在农作物生长的各个阶段，适时、适量供给水分，作物才能正常生长。由于不同地区自然条件和地理环境的限制，仅凭自然降水难免会出现在同一时段不同地区的降水量差异很大，甚至出现旱灾或涝害，直接影响农作物生长。排灌机械能抗旱、排涝，及时对农田供水或排水，对确保农作物稳产、高产有着决定性的作用。

在排灌机械中，水泵是一种主要设备，它将动力机的机械能转变为水力能，达到将水输送到高处或远处的目的。水泵的用途很广，除农用外，还广泛用于国民经济的多个领域。

一、水泵的基本知识

（一）衡量水泵性能的几个参数

1. 流量

流量是指水泵在单位时间内抽水的体积，又称为水泵的出水量。常用符号 Q 表示，其单位是：升/秒（L/s）或立方米/秒（m^3/s）或立方米/小时（m^3/h）。对于清水，1 L 水重 =1 kg；1000 L =1 m^3，在单位换算时有：1 L/s =3.6 m^3/h。

水泵铭牌上标出的流量是指最高效率时的流量，也称为额定流量或设计流量。

2. 扬程

扬程是指单位质量的水通过水泵后能量的增加值，实际上就是水泵扬水的高度。常用符号 H 表示，其单位是：米（m）。水泵铭牌上标出的扬程是理论扬程，即图 7－1 中的总扬程。实际上水流经过管路时，由于受到阻力和与管壁的摩擦，要损失一部分能量，因此水泵的实际扬程总是小于理论扬程。从图 7－1 中可以看出：

总扬程 = 实际扬程 + 吸水损失扬程 + 压水损失扬程

3. 转速

转速是指水泵轴或叶轮每分钟的旋转次数，常用符号 n 表示，其单位是：转/分钟（r/min）。水泵铭

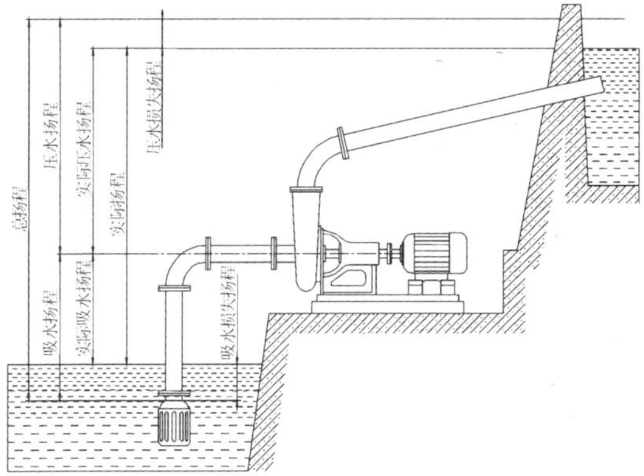

图7－1　水泵扬程示意图

牌上标出的转速是额定转速。水泵工作时，应保持在额定转速下运行，这样流量、扬程、轴功率才不致发生变化，否则会降低水泵效率。

水泵转速和流量、扬程、轴功率之间有这样的关系：

泵的流量与泵的转速成正比，

即：$Q_2 = \frac{n_2}{n_1} Q_1$　　（7—1）

泵的扬程与泵的转速的平方成正比，

即：$H_2 = \left(\frac{n_2}{n_1}\right)^2 H_1$　　（7—2）

泵的轴功率与泵的转速的立方成正比，

即：$N_2 = \left(\frac{n_2}{n_1}\right)^3 N_1$　　（7—3）

式中：Q_1、H_1、N_1 和 Q_2、H_2、N_2 分别为转速变化（从

n_1 变化到 n_2）前后水泵的流量、扬程和轴功率。

以上关系称为泵的比例定律。根据以上定律，从理论上是可以通过改变转速的方法来扩大水泵的使用范围，从而达到合理使用的目的。但是一般在水泵使用中，泵的选型是根据实际情况而定的，因此不要随意改变水泵的转速。

4. 功率

功率是指水泵机组在单位时间内所做功的大小，常用符号 N 表示，其单位是：千瓦（kW）。水泵的功率分为：有效功率、轴功率和配套功率三种。

（1）有效功率是单位时间内，泵对流经的液体所做的功，即水泵传给水流的功率，又称水泵输出功率，常用符号 $N_{效}$ 表示。它可由水泵的扬程和流量计算出来

即：$N_{效}=\gamma HQ$（kgm/s） （7—4）

或 $N_{效}=\dfrac{\gamma HQ}{102}$（kW） （7—5）

式中：γ——液体比重（水的比重 $\gamma=1$ kg/L）

Q——流量（L/s）

H——扬程（m）

（2）轴功率是指在一定的流量和扬程下，动力机传给水泵轴上的功率，又称水泵的输入功率，常用符号 $N_{轴}$ 表示。由于水泵内有摩擦、涡流、泄漏等各种影响，会造成功率的损失，所以轴功率要比有效功率

大，通常说的水泵功率就是指的轴功率，也就是指输入功率。

（3）配套功率是指带动水泵运转的动力机的额定功率，常用符号 $N_{配}$ 表示。由于传动必然会造成功率损失，因此配套功率总是大于轴功率。在实际使用中，为了保证动力机组安全运行，防止动力机过载，配套动力都应留有余地，一般配套功率比轴功率大 1.1 ~ 1.3 倍。对于大泵此值可取小些，对于小泵此值可取大些。

5. 效率

效率是水泵对动力机传来能量利用程度的衡量值，它是水泵的一项重要技术经济指标。通常把有效功率与轴功率比值的百分数用来表示效率，常用符号 η 表示，

即：$$\eta = \frac{N_{效}}{N_{轴}} \times 100\% \qquad (7—6)$$

从上式可知，效率百分数越大，水泵的有效功率也越大，泵内损失功率就小，动力利用充分，经济性较好。水泵铭牌上的效率，是水泵在额定转速下运行时可能达到的最大效率，目前，农用水泵的效率约为 60% ~85%，大型离心泵可达 90%。

6. 允许吸上真空高度

允许吸上真空高度又称允许真空吸水高度，是指水泵能将水吸上来的最大高度，图 7 - 1 中所示的

“吸水扬程”就是允许吸上真空高度，它是“实际吸水扬程”和“吸水损失扬程”之和，常用符号 H_s 表示，单位是米（m）。从理论上讲，若泵壳内形成绝对真空，水源水面在一个大气压下，可把清水吸到 9.8 m 高的地方，但实际上是不可能的，因为受结构、使用因素的限制，叶轮旋转不可能将泵壳内抽成绝对真空；再加上水在吸上过程中受到滤网、底阀、管壁的摩擦阻力，要消耗一定的能量造成水头损失；同时当水泵进口处的真空度达到一定程度，尽管在常温下水也要汽化而产生大量气泡，形成气蚀，气蚀对水泵及其吸水扬程影响也是较大的。

水泵的安装高度一般比水泵铭牌上的允许吸上真空高度小 0.5 ~ 1 m 为宜。

（二）水泵类型及其表示

1. 水泵分类

泵的种类很多，按其工作原理可分为容积泵、叶片泵和其他类型泵三类。而农业上大多使用叶片泵，其分类如下：

- 离心泵
  - 单吸
    - 单级
      - 立式
      - 卧式
    - 多级
      - 立式
      - 卧式
  - 双吸—单级—卧式
- 混流泵
  - 蜗壳式
    - 立式
    - 卧式
  - 导叶式
    - 立式
    - 卧式
- 轴流泵
  - 立式
  - 卧式
    - 固定叶片式
    - 半调节叶片式
    - 全调节叶片式
  - 斜式

离心泵具有流量较小，扬程较高的特点，适合丘陵、山区使用，是农业上用得最为广泛的水泵。

轴流泵具有流量较大，扬程较低的特点，适合平坝、河网地区及浅丘山区使用。

混流泵的特点介于离心泵和轴流泵之间，多在平坝地区及丘陵地区使用。

此外，还有多种变形泵，如自吸泵、潜水电泵、井泵、水轮泵等。

2. 水泵型号的表示

水泵的种类很多，每种类型又有很多规格，在表示水泵型号时，都是用汉语拼音字母和有关数字组成型号代号进行表示的。

例如：

（1）单级单吸式离心泵代号为 IS 和 IB

IS 80—65—160

- 160——泵叶轮名义直径（mm）
- 65——泵出水口直径（mm）
- 80——泵进水口直径（mm）
- IS——符合国际标准的单级单吸离心泵

（2）单级双吸式离心泵代号为 S

150 S—78

- 78——泵设计点扬程（m）
- S——单级双吸离心泵
- 150——泵进水口直径（mm）

（3）多级离心泵代号 D

160 D 30×5

- 5——泵的级数
- 30——单级扬程（m）
- D——多级分段离心泵
- 160——泵进水口直径（mm）

（4）中小型轴流泵代号 ZL——立轴式，B——半调节

700 ZBL—4.5

- 4.5——泵设计点扬程（m）
- ZBL——半调节立式轴流泵
- 700——泵进水口直径（mm）

（5）混流泵代号 H，W——蜗壳式

250 HW—8

- 8——泵设计点扬程（m）
- HW——蜗壳式混流泵
- 250——泵进水口直径（mm）

二、离心泵

在农用水泵中，离心泵用得较为普遍，了解其原

理结构对使用维修是很有必要的。

（一）**离心泵工作原理**（图7－2）

离心泵的主要工作部件叶轮安装在蜗壳形的泵壳内，壳体分别与进、出水管相连，水泵开始工作前，泵和进水管内先灌满水，当其动力机启动时，泵轴带动叶轮高速旋转，叶轮流道中的水在离心力的作用下被甩离叶轮，流过断面逐渐扩大的泵壳流道，流速减慢而压力增加，直压向出水管流出。与此同时，叶轮中心部分形成真空，水源中的水在大气压力的作用下，沿进水管被吸入泵内。叶轮不断转动，水就源源不断地被压出和吸入，从而完成水从低处到高处、远处的输送。

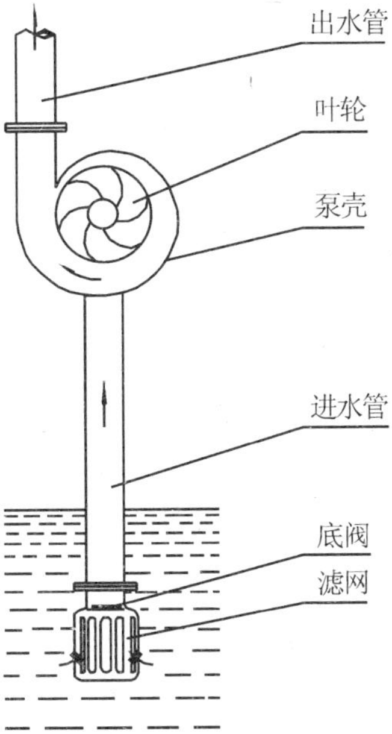

图7－2 离心泵工作原理示意图

离心泵的吸水是靠叶轮中心形成真空低压区，才能得以完成，因此启动前泵内及进水管必须灌引水，以排出泵中空气；泵和进水管应严格密封不能漏气；同时，进水管口应埋入水源水面以下一定深度，以防止空气被吸入。

轴流泵的工作原理与离心泵不同，泵的叶轮在工作时始终浸没在水中，当叶轮旋转时倾斜安装的叶片对水产生了升力，此升力将能量传给了水，使水源源不断地从排水管流出，完成水从低处到高处、远处的输送（见图 7-3）。

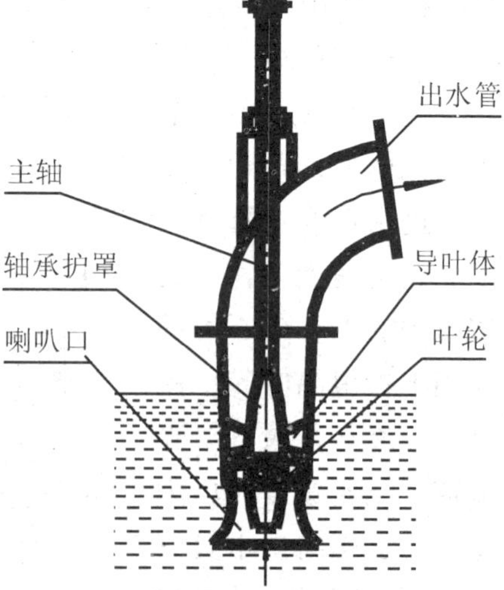

图 7-3 轴流泵工作原理示意图

蜗壳式混流泵其外形与离心泵相似，叶轮形状介于离心泵和轴流泵之间，既有离心泵的甩水作用，又有叶轮斜面推压水的作用。

（二）离心泵的结构

离心泵种类、型号较多，其结构样式也各有不同，这里仅对 IB 型单级单吸离心泵的基本结构作介绍，见图 7-4。

1. 叶轮

叶轮是水泵的主要工作部件，紧固在泵体内的泵轴上，动力通过泵轴带动叶轮旋转，对水做功，将机械能转变为水的动能，使水按设定的流道压出，达到

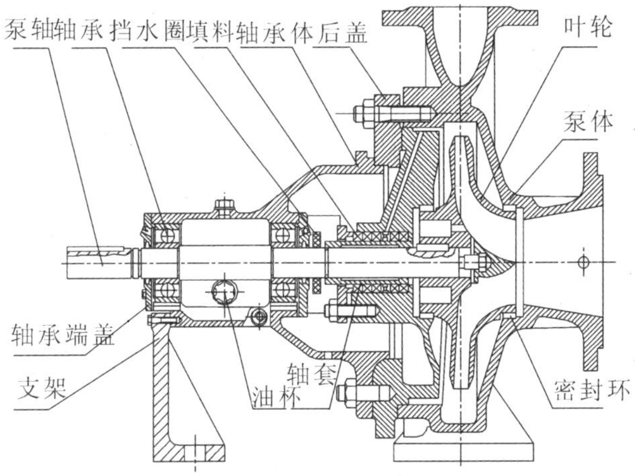

图 7-4 单级单吸式离心泵基本结构图

水泵工作目的。

叶轮有三种形式：封闭式、半封闭式和敞开式。封闭式叶轮两边都有盖板，水由叶轮一侧吸入后，从叶片和盖板形成的叶槽中甩出，这种叶轮适用于抽清水；半封闭式叶轮只有一边有盖板，适用于抽泥浆的泵采用；敞开式叶轮两侧没有盖板，工作时不易堵塞，适用于杂质较多的污水，多用于污水泵，见图 7-5。

2. 泵体

泵体由铸铁浇注而成，内壁曲线连接平滑，内壁与叶轮间成由小到大的槽道，形似蜗壳，泵体顶部设有用于放气、灌水的螺塞孔，下部设有放水用的螺塞孔。

泵体在进水口方向与叶轮进水口外缘配合处装有

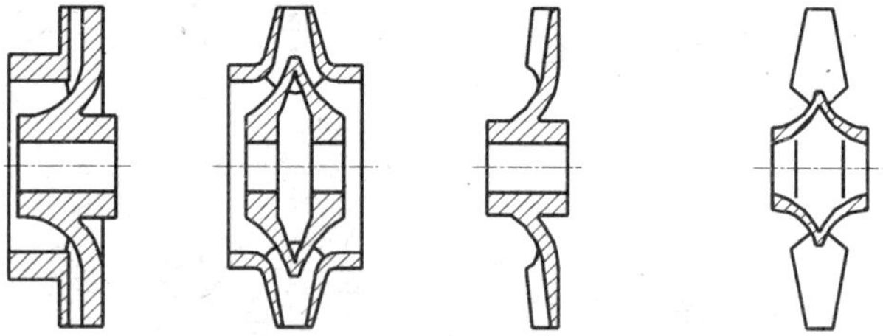

图7－5 离心泵叶轮形式

密封环。

3. 泵轴

泵轴由碳钢加工后，经热处理制成，它的作用是将动力传递给叶轮，多数泵上为避免填料对泵轴的磨损，都加了轴套。

4. 轴承体

轴承体由铸铁浇注而成，它的作用相当于轴承座，用来安装轴承，支承泵轴转动，轴承体中部形成一个油室以便润滑轴承，在泵轴上靠近油室一侧装有挡水圈以防止水渗入轴承。

5. 填料密封装置

填料密封装置用石棉绳或棉织绳编制、经石墨或黄油浸透后压制而成。主要作用是填塞泵轴与泵体间的间隙，使之密封阻止压力水从泵内漏出，也可阻止空气进入泵内造成启动困难。

三、轴流泵

轴流泵根据泵轴工作位置不同分为立式、卧式、斜式三种类型。其结构主要由泵壳、泵轴、叶轮、导叶体、橡胶轴承等组成，见图7－6。

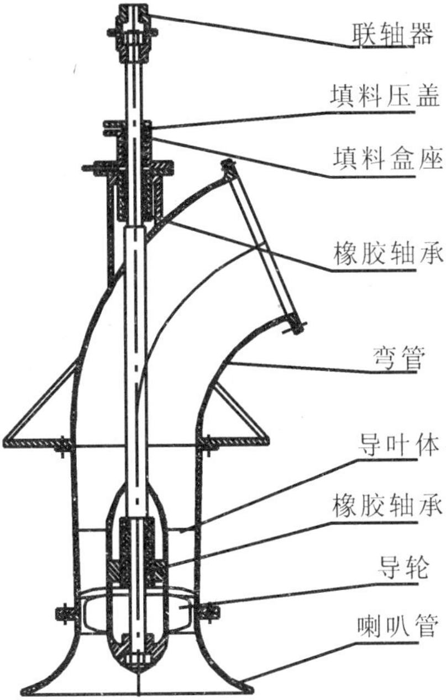

图7－6　轴流泵

泵壳由吸水管和出水弯管组成，进水管下部接有喇叭管，上部出水弯管的管径由小逐渐变大，其作用是降低流速增大流量。

叶轮由轮毂和装在其上的叶片组成。轮毂和叶片连接有固定式、半调式和全调式三种，小型轴流泵多采用固定式叶片。叶轮安装在进水喇叭口的上方，与进水口一起放入水中，叶轮下部装有导水锥，用螺钉固定在轮毂上，用来引导水流。

导叶体呈锥形，由6～12个叶片组成，安装在叶轮上面。其作用是把从叶轮中流出的旋转水流转变为向上的轴向运动，把动能转变为压力能，将水压到高处。

轴承轴流泵有两种轴承，一种是导轴承，另一种是推力轴承。导轴承用橡胶制成，共有两个；推力轴承主要用来承受轴向力，保持转动部件的轴向位置，并将轴向推力转移到固定泵体的基础上。

四、混流泵

混流泵有蜗壳式和导叶式两种类型。蜗壳式混流泵外形及结构与单级单吸式离心泵相似，见图7－7。

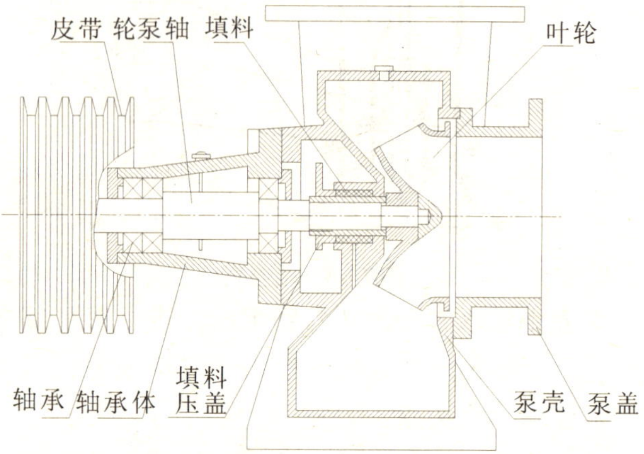

图7－7　混流泵

混流泵的叶轮形状介于离心泵与轴流泵之间。离心泵的水流槽道与轴线垂直，水从轴向流入，从垂直于轴的方向流出；混流泵的水流槽道与轴线倾斜，水从轴向流入，从倾斜轴的方向流出，见图7－8。

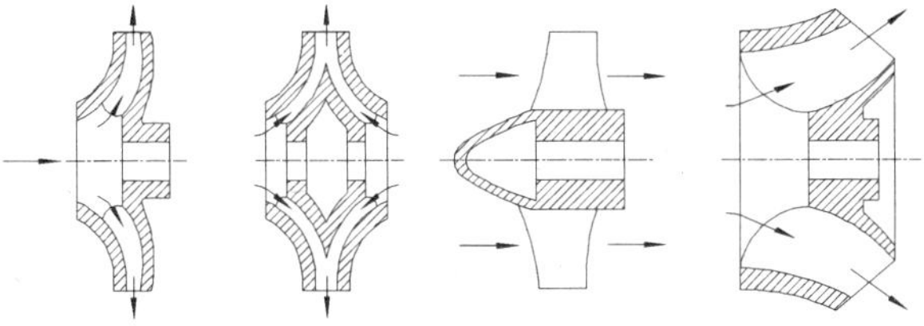

a.单吸泵　b.双吸泵　c.轴流泵　d.混流泵

图 7－8　各种泵叶轮的水流方向

导叶式混流泵的结构与轴流泵相似。

混流泵的特点是流量和扬程均介于离心泵和轴流泵之间，即流量大于离心泵而小于轴流泵；扬程小于离心泵而大于轴流泵。一般适于扬程在 5～10 m 的平原地区使用。

五、井泵

在有沟、河、湖、塘、堰的地方，多用离心泵（也有用轴流泵、混流泵）抽水灌溉，但是也有不少地方是靠打井取水灌溉和饮用，专门用于从井中抽水的水泵称为井泵。井泵除用于提水进行农田灌溉外，在农村很多农副产品加工场所、禽畜养殖场所等用井泵取水以满足作业用水的需求。

（一）深井泵

深井泵又叫长轴井泵，它的扬程在 50 m 以上（扬程在 50 m 以下叫浅水泵）。深井泵由带有滤水管的泵体、输水管和传动轴、泵座和电动机三个部分组成，前两部分位于井下，后一部分位于井上。

深井泵的电动机安装在泵座上，用联轴器和水泵轴连接在一起；输水管由上下两根扬水管和若干根长管组成，两管段间用连管器连接，以达到把泵体输来的水输送到出口的目的；传动轴由若干节长轴和上、下两节短轴通过联轴器连成一体，将电动机传来的动力传递给叶轮轴；水泵部分由叶轮、叶轮轴、壳体、壳轴承、锥套等组成，叶轮靠锥套和锁紧螺母固定在叶轮轴上，这一部分是抽水的核心部位，叶轮安装的多少，取决于所需扬程的大小，因为每组叶轮工作时使水增加一个单位扬程的能量，即把水压高一个单位扬程，叶轮多，扬程就高。此外，在泵的底部进水口装有四周有孔起滤水作用的吸水管，以防止杂物进入泵体内堵塞流道或损坏叶轮。深井泵结构见图7－9。

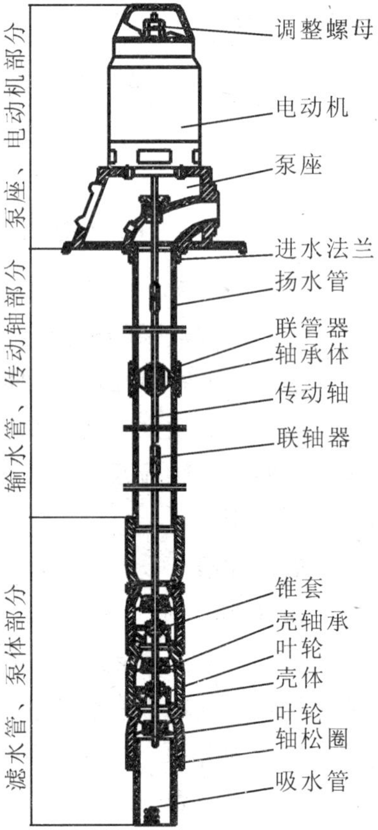

图7－9　JC型深井泵结构图

（二）潜水电泵

潜水电泵是一种用立式电动机和水泵装在一起，可以全部潜入水下工作的泵。根据所配置电动机的不同，分为干式、湿式和充油式三种潜水电泵。干式潜水电泵电动机轴的伸出端采用双端面机械密封装置，以保证电动机的正常运转。湿式潜水电泵，电动机定子绕组采用耐水绝缘导线或采用合成树脂注封，水进入电动机内部也能保证电动机电枢绕组正常工作，这种潜水电泵体积小、重量轻、结构简单、安装使用方便。充油式潜水电泵的电动机内部充满绝缘油，以阻止水的浸入，保证电动机安全运行，这种潜水电泵密封要求高、结构复杂，由于电动机在油中运行，效率降低，还有可能造成井水的污染。

潜水电泵和井泵的根本区别：一是电动机潜没于水下工作，二是工作部件与电动机连成一体，不需长轴连接。其结构如图 7－10 所示。

六、水泵的选型配套及基本布置

合理选择水泵及其配套设备，是保证以最小投入取得最大经济效果的一种举措，否则将造成浪费，甚至根本达不到预想效果。

（一）水泵选型配套的原则

1. 根据取水水源及用水状况，保证能满足所需流量、扬程的要求。

2. 要保证水泵能在高效区段常年运行。

3. 与之配套的管件、阀件等要齐全、合理，投资

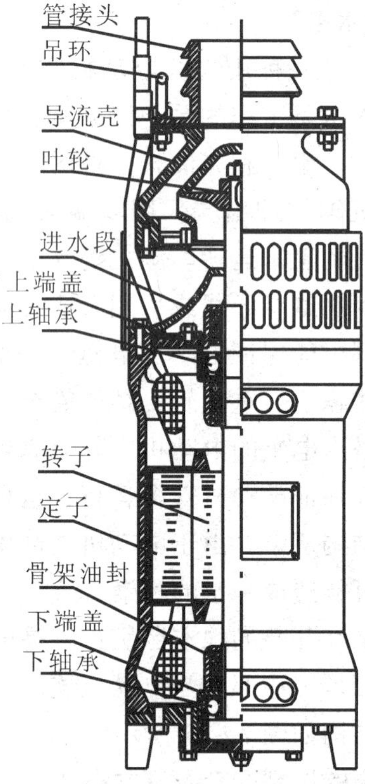

图 7-10　QS 型潜水电泵结构图

费用要低。

4. 尽量选用标准化、系列化、通用化产品，以利于维修和管理。

（二）水泵及其配套件的基本布置

在按上述原则选定了水泵及其配套件后，其基本布置如图 7-11 所示：

从图 7-11 中可以看出必须把底阀、闸阀、止回阀、拍门以及充水设备等通过水管与配有电机的水泵连接起来形成一套水泵机组才能进行工作。

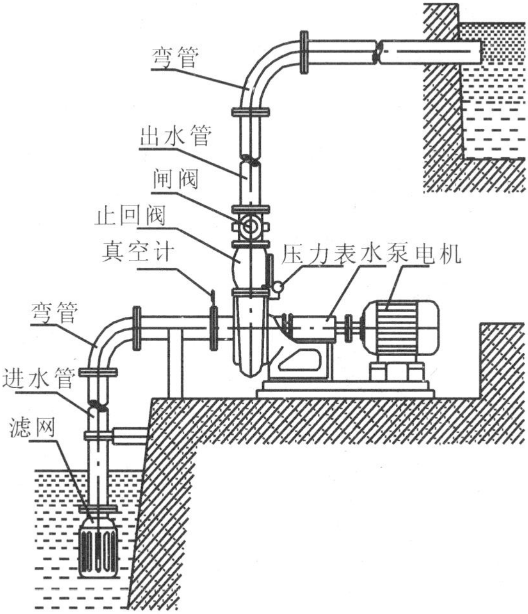

图 7－11　水泵管路及附件安装示意图

底阀，是一种单向阀，分盘形和蝶形两种，装在进水管路的下端，其作用是保证水泵启动时，进水管和水泵内灌满的水不漏掉，当其水泵启动时，阀门被水冲开，水泵不断吸水并压入出水管路。水泵停止工作时，阀门靠自重和进水管路中水的重力作用自行关闭，使进水管和水泵内能存留一定余水，以备下次启动。底阀最底部四周连接有滤网，以防止杂物被吸进泵内引发事故。

闸阀，安装在离水泵出水口不远的出水管路上，其作用是在启动或停机时关闭出水管路，以降低启动功率和防止出水管路的水倒流，冲击水泵及其附件。

止回阀和拍门都是单向阀，装在出水管路的出水口处，阻止水回流。当水泵突然停车，止回阀和拍门都会自行关闭，防止出水管路的水倒流，冲击水泵及其附件。在扬程较高时，一般都要求安装止回阀；扬程不高、管道不长的站点多采用拍门来替代闸阀和止回阀。各种阀门的样式见图 7－12。

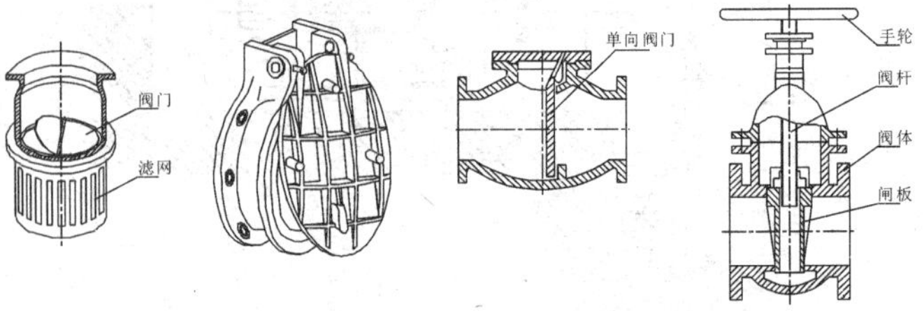

a.底阀　　b.拍门　　c.止回阀　　d.闸阀

图 7－12　各种阀门

充水设备，离心泵和混流泵在启动前，必须在进水管路和泵体内加满水才能启动。口径在 300 mm 以下的小型泵，一般都靠人工灌水，不用专门的充水设备。对于大中型泵一般采用压水机或真空泵来充水。真空泵又叫抽气机，用它抽出进水管路及泵体中的空气，使其形成真空，让水源中的水在大气压力作用下，被压入进水管路及泵体中，这样就减少了人工加水的麻烦，同时还可取消底阀，减少进水阻力损失。

第二节　节水灌溉技术

我国是一个水资源短缺的国家，水资源人均年占有量仅为世界人均占有量的1/4；全国每年总用水量为5600亿 m^3，其中农业用水量占总用水量的80%，而目前农业灌溉水的利用系数却仅为0.45左右，即说明有一半以上的灌溉用水因渗漏、蒸发和管理不善没被利用。

节水灌溉技术，是解决农业用水危机，缓解水资源短缺供需矛盾，以节约农业用水为中心的高效技术措施。节水灌溉技术有喷灌、微喷灌、滴灌三种形式。

一、喷灌

喷灌是将灌溉用水通过由水泵、管道、喷头等组成的系统增压后形成压力水，喷射到空中形成细小水滴均匀散落在所需灌溉的土地上。

（一）喷灌的使用特点

喷灌与一般地面灌溉（漫灌、畦灌）相比具有这些显著的特点：

1. 节水

因为灌溉用水已形成细小水滴均匀散落在所需灌溉的土地上，基本上不会产生地面径流和深层渗漏损失，水的有效利用率在75%以上，与地面灌溉相比可节水30%～50%。

2. 省工

由于喷灌系统机械化程度高，提高了灌水作业效率，用工量显著减少，仅为地面灌溉的1/5。

3. 适应性强

既可用于各类型的土壤和作物，又对施灌地形没有太高要求，同时还可进行灌水、施肥、喷洒农药的综合作业。

4. 提高土地利用率

采用喷灌避免了挖沟渠、筑田埂的用地损失。

5. 为作物生长发育创造良好的环境。

6. 采用喷灌可增加近地面的空气湿度，也使水的浸润深度受到限制，同时冲洗掉了农作物叶面及茎秆上的尘土，促进了作物的呼吸作用和光合作用，最终达到稳产、高产、提高品质的目的。

但是喷灌的使用也受到一些因素的制约：首先是风的影响，当其风力在三级以上时，喷头出水的射程及水量分布都将因风向而改变，甚至喷洒的水滴被吹走，大大降低了喷灌的均匀度；其次是设备投资较大，和地面灌溉相比整个喷灌系统毕竟需要一定的资金。

（二）喷灌的三种形式

1. 固定式

整个喷灌系统除喷头外，都固定不动。水泵机组设置在泵站内，主管、支管埋在地下，安装有喷头的竖管与支管连接，露出地面，如图 7－13 所示。

固定式喷灌设备，使用操作方便，生产效率高，运行成本低。但是设备投资较大，设备利用率低，不利于机耕等田间机械化作业。其多用在灌水频繁、经济价值较高的作物灌溉，如高档蔬菜、名贵药材、花卉、果园、草坪、苗圃等。

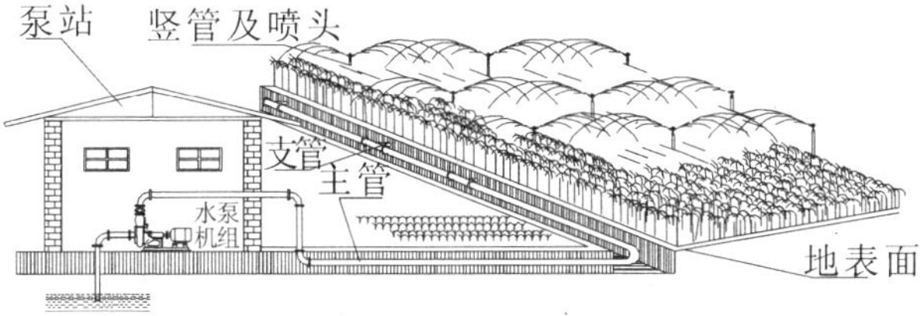

图 7－13　固定式喷灌系统示意图

2. 半固定式

喷灌系统中，水泵机组设置在泵站内，主管路固定不动。在主管上装设有支管接头，支管、竖管及喷头是可以移动的，根据需要将支管接在相应的支管接头上便可进行喷灌，当一个位置喷量达到要求后，又可转移至下一个支管接头位置进行工作，如图 7－14 所示。

半固定式喷灌设备与固定式相比，节省了大量的支管、竖管和喷头，投资成本较小，但是移动支管、竖管操作麻烦，耗工耗力。

3. 移动式

在喷灌过程中，水泵机组、主管路、竖管及喷头组成一个可移动的系统，水泵机组可以车载或车拉或

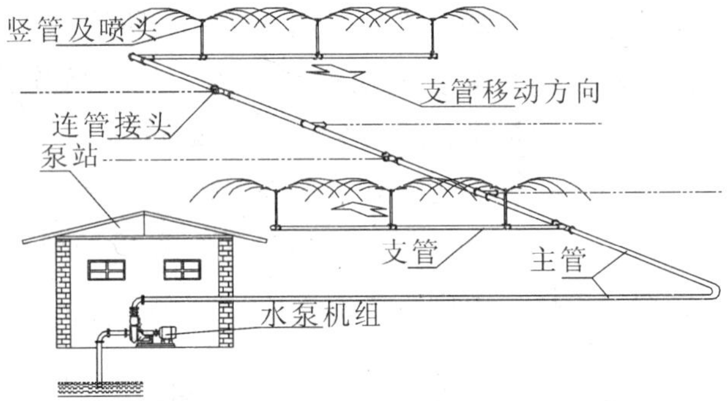

图 7－14　半固定式喷灌系统示意图

人抬，管道采用软带通过标准接头与三通管连接，三通上方连接竖管和喷头，竖管由支架支撑保持直立。根据动力的不同，可配置不同大小和不同数量的喷头，其系统配置如图 7－15 所示。

移动式喷灌设备具有使用方便、机动灵活、利用率高、投资较小等优点，但是它的移动范围总要受到水源的制约。

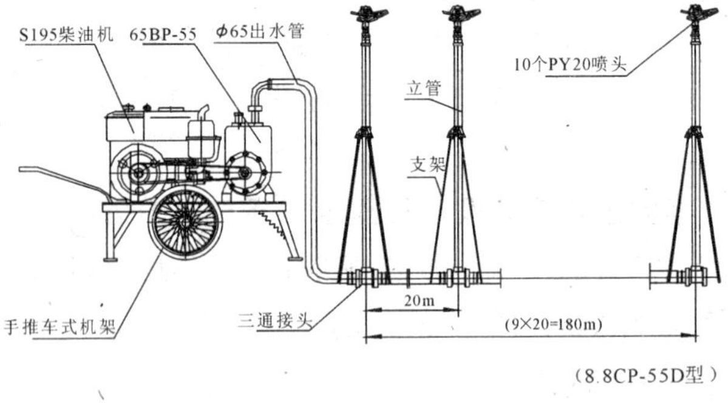

a. 手推车式机架

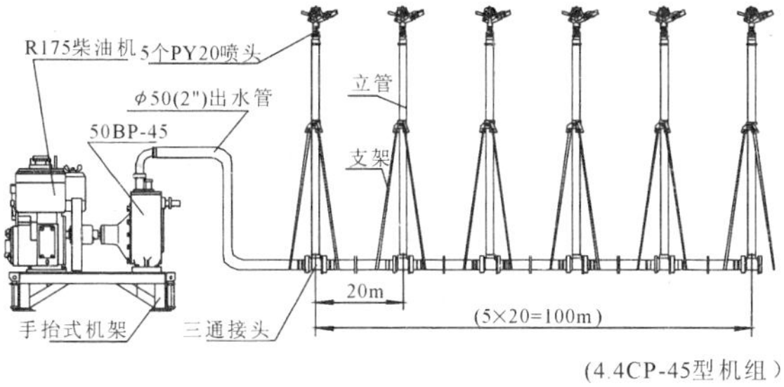

b. 手抬式机架

图 7－15 移动喷灌机组示意图

二、微喷灌

微喷灌是介于喷灌和滴灌之间的一种先进灌溉方法。其喷洒方式同喷灌完全一样，只是喷头结构、外形大小、喷嘴尺寸、喷头流量、喷射压力、喷洒半径都有不同，用于微喷灌的喷头简单小巧，其流量、压力、喷洒半径比一般喷头小。

微喷灌与喷灌和地面灌溉相比具有这些显著的特点：

（1）节水效果显著。微喷灌是将灌溉水喷洒到作物根部土壤表面，非作物根系所在土壤未受到灌溉，因此与喷灌相比可少用 20%～30% 的水，与地面灌溉相比可少用 50% 的水。

（2）施肥时节省肥料，肥效能充分发挥。作物需要施肥时，将可溶性化肥随灌溉水直接喷洒到作物根部土壤表面，作物根系能充分吸收，既减少了肥料用量，又保证了施肥效果。

（3）抑制了杂草的生长。由于微喷灌是有范围、有限度的给水，非作物根系所在土壤未受到灌溉，基本处于干燥状态，杂草的生长受到抑制，为田间管理带来方便，同时也为作物的生长创造了良好环境。

（4）防止土壤冲刷和板结。由于微喷灌的喷洒强度低，不会产生地面径流，土壤不会被冲刷，没有大量灌水的浸泡，土壤也不会板结。

微喷灌在使用中也要受风的影响，也需要一定的设备投资。我国微喷灌技术近年来发展较快，但是在一些关键设备上，无论是材质选用还是加工工艺，都有必要进一步的提高。

在我国，目前微喷灌技术主要用在经济价值较高的作物和城市绿化灌溉中，如高档蔬菜、名贵药材、花卉、果园、草坪、苗圃等。

微喷灌系统如图 7－16 所示。

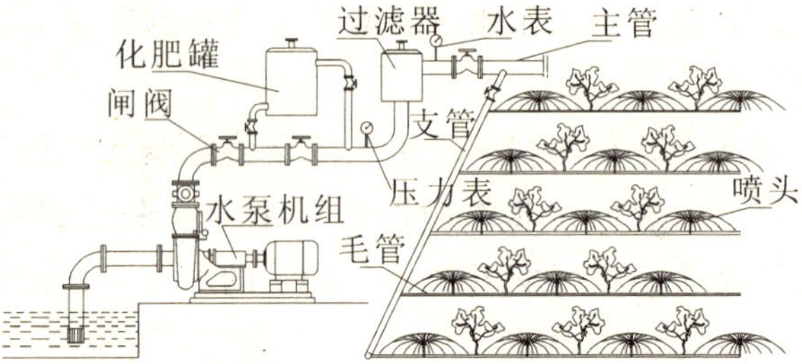

图 7－16　微喷灌系统示意图

三、滴灌

滴灌是将灌溉用水通过由水泵、管道、滴头等组成的系统增压、过滤后送到滴头，以水滴形式缓慢滴入作物根系部位所在的土壤，借助毛细管作用湿润作物根系部位土壤，使其保持最优含水状态。滴灌是目前农业灌溉形式中最省水、最先进的灌溉方法。

滴灌具有这些显著的特点：

（1）节水效果非常显著。滴灌是将灌溉水缓慢滴到作物根部土壤，非作物根系所在土壤未受到灌溉。滴灌时，水滴没有在空中运动的过程，这就避免了水分的自身蒸发，也没有水滴飘移的损失，因此与喷灌、微喷灌相比节水效果更为显著，滴灌每亩次用水量相当于地面灌溉用水量的1/6～1/8，喷灌用水量的1/3。

（2）节省肥料，肥效能充分发挥。作物需要施肥时，将可溶性化肥随灌溉水直接滴到作物根部土壤，作物根系能充分吸收，既减少了肥料用量，又保证了施肥效果。

（3）抑制了杂草的生长。由于滴灌是有范围、有限度的精准化给水，非作物根系所在土壤未受到灌溉，基本处于干燥状态，杂草的生长受到抑制，为田间管理带来方便，同时也为作物的生长创造了良好环境。

（4）提高了土地利用率，保护了土壤生态结构。采用滴灌避免了挖沟渠、筑田埂的用地损失，提高了土地利用率；同时，滴灌不会产生地面径流，土壤不会被冲刷，没有大量灌水的浸泡，土壤也不会板结，这就保护了土壤的生态结构。

（5）不受风的影响，适应于不平整地形的灌溉。

滴灌在使用中，滴头容易堵塞，灌溉用水必须经过净化处理；所用的滴头数量、塑料管材较多，投资较大。

滴灌系统如图 7－17 所示。

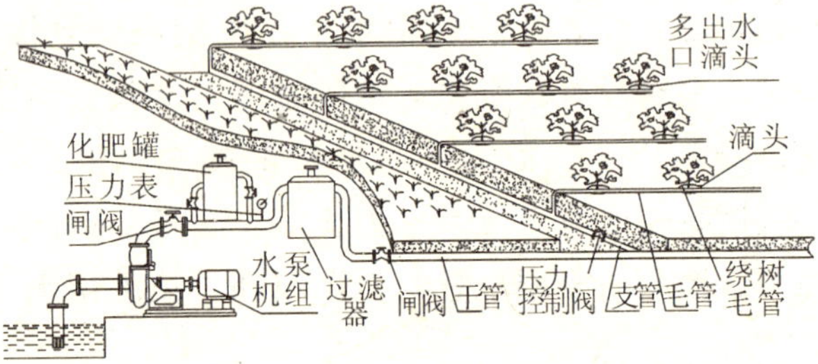

图 7－17　滴灌系统示意图

第三节　灌溉设备的使用及其维护

任何灌溉设备都有其自己的《使用说明书》，使用设备前必须认真阅读《使用说明书》中的各项条款，了解使用操作程序、管理维护方法以及安全防护措施，否则将会造成设备的损坏，或降低设备使用寿命，甚至发生伤害事故。

本节将着重对常用水泵及节水灌溉设备的使用维护作介绍。

一、常用水泵的使用及其维护

（一）水泵的安装

泵站一般建在离水源近、比灌区高、地基土质坚实、地面平整干燥的地方。其安装分两步进行。

2. 水泵机组的安装

水泵机组应安装在混凝土浇筑的基座上，浇筑前应准确放置好预埋螺栓，螺杆预埋深度大于 200 mm，露出基座平面的螺纹长度不低于 50 mm，对于大型机组预埋长度和螺纹露出长度应相应增加；基座外围尺寸比机组的机座外围尺寸大 100 ~ 150 mm；基座应高出地面 100 ~ 150 mm。见图 7 – 18 所示。

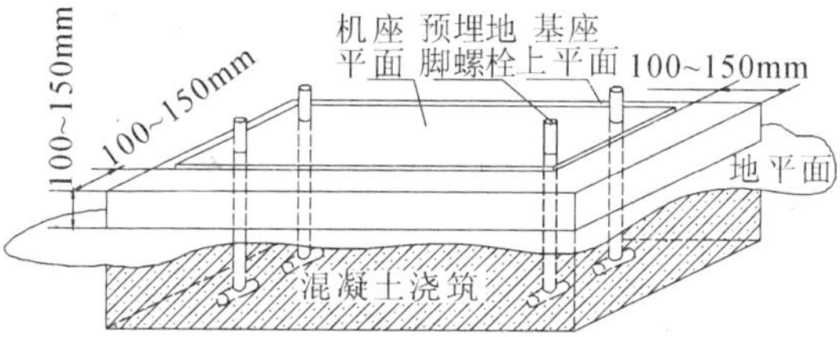

图 7 – 18　水泵机组基座浇筑示意图

水泵机组在基座上安装，安装时必须垫平机座后再紧固地脚螺母；当水泵和动力机用联轴器直接连接时，应尽量保证联轴器两端的轴心线在同一直线上；当采用皮带传动时，必须保证相应的带槽中心线平直并与两皮带轮所在的轴垂直。

对于小型水泵机组，经常转移作业，应以木架或钢架制成的整体构件作基座，将水泵机组固定在架上。

2. 水泵管路系统的安装

根据水泵铭牌上的性能指标，合理选择管路中配套附件和水管管径，是降低管路中水的流速、减少管

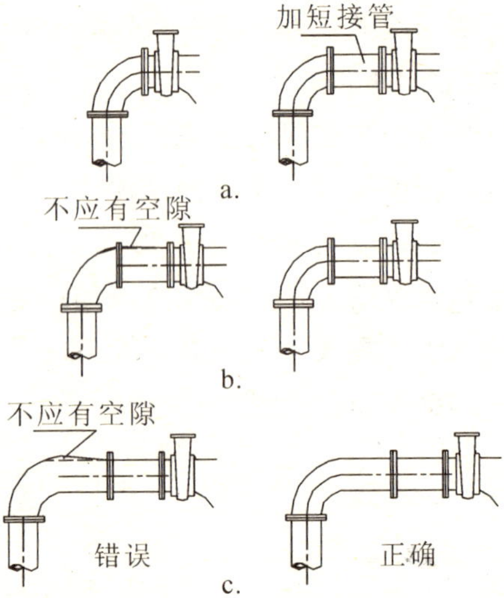

图 7－19　进水管安装正误示意图

路扬程损失、提高抽水效率的关键。但是有了合理的选择，而不能正确安装也达不到好的效果。

水泵管路安装必须做到：

（1）整个系统应有牢固的支撑，不能让水泵承受管道及附件重量带来的压力。

（2）管路连接应紧固无泄漏，进水管路不能漏气，否则将影响进水量，甚至不能进水；出水管路不能漏水，否则会造成灌溉水的流失。

（3）进水弯头不能与泵的进水口相接，其间需加一段长度为管径 1～3 倍的短横管，以消减转弯后产生的紊流，使水平顺进入泵的叶轮，见图 7－19a。

（4）进水管路中，任何部分都不能高于进水口的上边缘，以防止水管中产生积气而影响吸水，见图 7 –19b、c。

（5）进水管的滤网和底阀淹没在水中的位置如图 7 –20a 所示，底阀应垂直安装，若由于条件限制进水管需倾斜安装时，它与水平面的夹角必须大于 45°，否则会造成底阀阀门关闭不严，甚至无法关闭，见图 7 –20b。

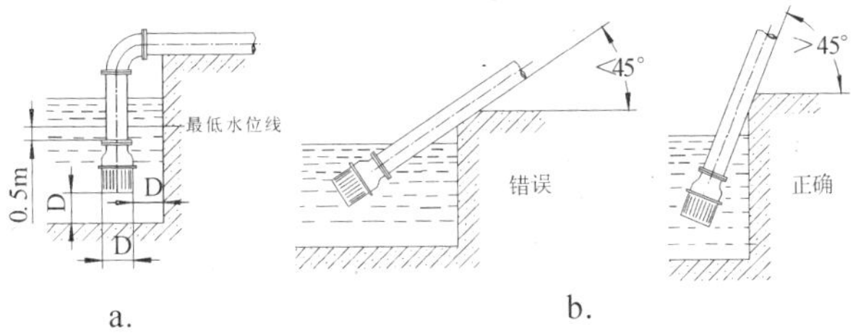

图 7 –20　滤网与底阀安装示意图

（6）出水管应尽量淹没出流，避免向空中流放，以减少扬程损失和功率消耗，见图 7 –21。

（二）水泵的使用与维护

水泵机组及管路系统安装好后，应对整个系统进行试运转，开机前先检查电源电压或动力机是否正常、水泵叶轮转动是否灵活、各轴承中的润滑油是否注足、填料压盖松紧度是否合适、机脚螺母是否松动、水源处是否有杂物影响滤网进水。当检查一切正常后方可开机试运转。试运转到《使用说明书》规定的时间后，方可进行操作运行。

1. 水泵的使用操作

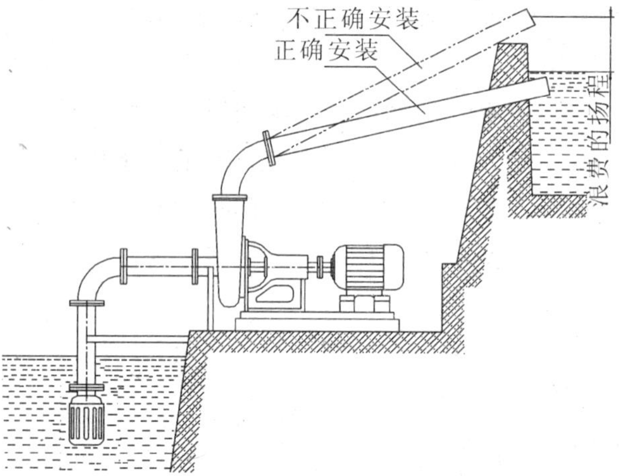

图 7－21　出水口安装示意图

（1）充水：除立式、斜式轴流泵外，离心泵、蜗壳式混流泵、卧式轴流泵在启动前都必须充水，充水到位后才能启动。

（2）启动：离心泵在启动前先关闭出水管路上的闸阀和机组上的压力表及真空泵，水充满后，关闭抽气孔或灌水装置的阀门（或放气螺塞），然后启动，待机组达到额定转速后，及时开启闸阀，出水正常后再开启水表、压力表。

轴流泵的启动比较简单，在完成各项检查和准备工作后，只要加水润滑橡胶轴承即可启动，待水泵出水后不再加水润滑。

（3）停车：离心泵停车时，先关闭压力表，再缓慢关闭出水管路闸阀，然后关闭真空表，最后关闭动力机。轴流泵停机只需关闭动力机即可。离心泵停车后，若要隔几天使用，应放掉泵内余水，若停的时间不长，可不放水。

水泵在运行中，应随时检查整个系统的工作状况，监听有无异常声响、监测轴承部位温升、查看管道有无泄漏、注意水源水位变化，尽量保持水泵的正常运转，避免事故发生。一旦出现故障，应分析故障原因，及时排除。

离心泵、混流泵常见的故障及排除方法见表7－1。

表7－1　离心泵、混流泵常见故障及排除方法

故障现象	故障原因	排除方法
1. 水泵不出水	1. 充水不足或泵内空气未排尽。 2. 进水管路漏气。 3. 水泵转向不对。 4. 水泵转速太低。 5. 叶轮损坏。 6. 底阀锈死。 7. 填料处漏气。 8. 进水口堵塞	1. 继续充水或抽气。 2. 进行堵漏修复。 3. 调换电源相位接线。 4. 提高水泵转速。 5. 更换叶轮。 6. 卸下底阀修复。 7. 压紧或更换填料。 8. 清除堵塞
2. 水泵出水量不足	1. 进水管淹没深度不够，泵内吸入空气。 2. 进水管接头漏气、漏水。 3. 吸水扬程过大。 4. 填料处漏气。 5. 进水管路或叶轮处有杂物。 6. 功率不足或转速不够。 7. 底阀开度不够或逆止阀有障碍阻塞。 8. 减漏环、叶轮磨损	1. 增加进水管长度。 2. 压紧接头堵塞漏气漏水。 3. 调整吸水扬程。 4. 压紧或更换填料。 5. 停机清除。 6. 更换动力机或提高转速。 7. 开大底阀门或停机修逆止阀。 8. 修理或更换

续 表

故障现象	故障原因	排除方法
3. 水泵运行中突然停止出水	1. 进水管路堵塞。 2. 叶轮被杂物毁坏。 3. 进水管淹没深度不够，泵内吸入空气	1. 清除堵塞。 2. 更换叶轮。 3. 加深淹没深度
4. 动力不足有沉闷声响	1. 电源电压偏低或油机转速不够。 2. 水泵转速太高。 3. 泵轴弯曲、轴承磨损或损坏。 4. 填料压得太紧。 5. 流量与扬程超过使用范围。 6. 直联传动两轴心没对准	1. 提高电压或加大有机转速。 2. 降低转速。 3. 校直泵轴，更换轴承。 4. 调整压盖螺栓。 5. 调整流量、扬程到使用范围内。 6. 校正轴心位置
5. 运行中有杂音和震动	1. 机脚紧固螺栓松动。 2. 泵轴弯曲、轴承磨损或损坏。 3. 电源电压偏低或油机转速不够。 4. 吸水扬程太大，产生汽蚀。 5. 直联传动两轴心没对准	1. 紧固松动螺栓。 2. 校直泵轴，更换轴承。 3. 提高电压或加大有机转速。 4. 降低吸水扬程。 5. 校正轴心位置
6. 轴承温度过高	1. 润滑油不足或油质太差。 2. 泵轴弯曲、轴承磨损或损坏。 3. 传动皮带太紧。 4. 平衡孔堵塞，轴向推力太大	1. 加足或更换符合标准的油。 2. 校直泵轴，更换轴承。 3. 调整皮带到适合程度。 4. 疏通平衡孔

2. 水泵的保养维护

水泵机组应按《使用说明书》的规定进行定期保养。对于新泵，在运行 100 小时，就应更换轴承机油，以后每 500 小时更换一次，如采用润滑脂润滑的水泵应 1500 小时更换一次。

在排灌季节结束或运行一定时期后，应根据使用情况做好以下维护保养工作：

（1）将水泵及管路内的余水全部放出。

（2）清除机组上尘土、油污，表漆脱落的地方应补涂或涂抹防锈油脂。

（3）若管路拆卸方便，可将其拆下除锈涂漆，放置在干燥地方贮存；若管路拆卸不方便，应用盖板将出水口封好，以免杂物进入管路，甚至落入泵内。

（4）清除填料上的潮气和腐蚀物，重新整修填料或更换填料。

（5）利用停机间歇，认真检查机组各个部位，使之保持良好的技术状态。

二、节水灌溉设备的使用及其维护

（一）节水灌溉设备的安装

1. 水泵机组的安装

在节水灌溉设备中，无论是喷灌、微灌、滴灌都需要与水泵机组做连接，涉及埋管安装的节水灌溉设备，水泵机组基本上是固定不动的，和一般泵站机组安装一样，这种水泵机组的安装前面已经讲述，这里不再重述。只有采用移动喷灌时，水泵机组才没有固定的基座，对于这种移动式的机组，应以木架或钢架制成的整体构件作基座，将水泵机组固定在架上，使用时将机架平稳地安放在选定的水平位置垫实，防止震动。

3. 管路系统的安装

（1）放线：节水灌溉管路系统中，对于需要埋管处理的，在安装前必须进行干管和支管的施工放线，在线上每隔 20～30 m 打一个标桩，标桩上应标明管底高程和挖沟深度；若有分水、转弯、管道变径的地方要加标桩，地形起伏变化较大的地段也要根据地形条件适当增设标桩。

（2）开挖：放线工作完成后，可进行埋管沟槽的挖掘，沟槽断面形式有三种：矩形、梯形和复合型，如图 7－22 所示。

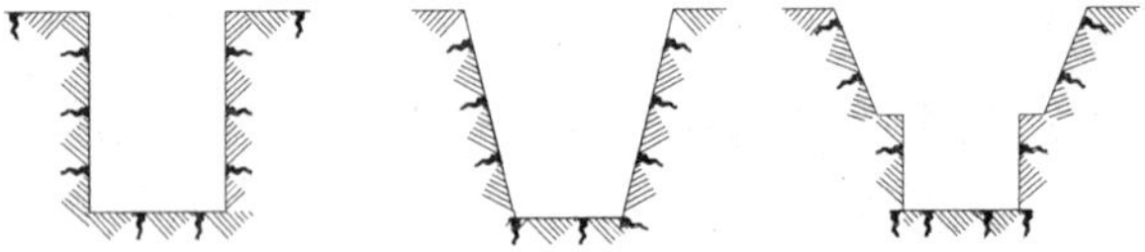

图 7－22　管沟槽断面形式

沟槽形式确定后，按下式确定断面尺寸：

$$B = D + 0.3\ (\mathrm{m})$$

式中：B——沟槽底部宽度（mm）；

D——管外径（mm）；

当 $D > 200$ mm 时，上式为：

$$B = D + 0.5\ (\mathrm{m})$$

$$H \geqslant D + h$$

式中：H——沟槽深度（mm）；

D——管外径（mm）；

H——管顶部以上土层深度（mm）。在大田中，取 $h = 400$ mm；在道路上，取 $h = 1200$ mm。

沟槽经过岩石、卵石等容易损坏管道的地方应将槽底至少再挖深 15 cm，并用沙或细土回填至设计的深度。

在标桩上注有固定镇墩坑、阀门井的地方，开挖工作应与沟槽开挖同时进行。

（3）管路铺设：管路铺设前，无论是金属管（铸铁管、镀锌钢管），还是塑料管（硬聚氯乙烯管、聚丙乙烯管、低密度聚乙烯管），都必须进行检查。除外观检查外，还要检验其尺寸偏差，应清除承插口处的飞边毛刺及其他杂物。

管与管连接时，对口间隙、承插口环形间隙及接口转角应符合表 7－2 规定，管与管连接后，承插口用膨胀水泥或石棉水泥或油蔴等填塞，用膨胀水泥和石棉水泥填塞时填塞深度应为接口深度的 1/2～2/3，注意分层搅实、压平并及时湿养护。

表 7－2　对口间隙、承插口环形间隙及接口转角值

名称	对口最小间隙（mm）	对口最大间隙（mm）		承插口标准环形间隙（mm）				每个接口允许转角（°）
		Dg100～Dg250	Dg300～Dg350	Dg100～Dg200		Dg250～Dg350		
				标准	允许偏差	标准	允许偏差	
沿直线铺设安装	3	5	6	10	+3 -2	11	+4 -2	—
沿曲线铺设安装	3	7～13	10～14	—	—	—		2

注：Dg——管的公称内径

对于塑料管连接，应保证管与管中心对准黏结，黏结剂在一定的长度内涂抹均匀，间隙用黏结剂填满，密封圈要与管同心，装入套筒的密封槽内，不得有扭曲、偏斜。黏结后的管，为使其固化，在 24 小时内不能移动。若采用热熔连接时，要控制好温度，使之充分塑化而又不烧焦。

移动喷灌的管道采用涂塑软管和快速接头连接，在快速三通接头处连接竖管并用支架支撑。

微灌工程中，支管后的旁通管、毛管、灌水器等按其《使用说明书》进行安装。

（4）管路附件安装微灌系统附件的安装，其摆放位置如图 7 – 12 和图 7 – 13 所示，用于施肥和施农药的化肥罐安在过滤器之前，不能位置颠倒，注意它们的进出水方向，应按输水流向安装，不得反向；若与人畜饮水联合使用的微灌工程，严禁在管道首部及人畜饮水管上安装施肥和施农药的装置。

（二）节水灌溉设备的使用维护

1. 节水灌溉设备的操作使用

在节水灌溉设备水源工程部分的操作使用，实际就是水泵机组的操作使用，前面已有讲述。对于固定式、半固定式的管路，在使用时一定要经常观察管路上各种仪表的运转情况，要按供水需要给水，控制好调节压力阀。

对于移动式微灌设备，多采用油机组成机组。在投入田间使用前，应根据地形条件和水源情况规划好喷洒线路，并将机架平稳地安放在选定的水平位置上，连接好管路，认真检查管路系统的密封，各连接处应无滴漏、喷射现象。机组投入使用运行后，尽量使水泵在标定转速下工作，不要随意增速运行，以免造成安全隐患，影响泵的使用寿命。待喷洒作业地块表面被灌溉水浇湿并达到要求后，操作人员方能进入作业地块拆卸管路系统、喷头、支架，做好机组向下个工位移动的准备；使用涂塑软管或塑料管时，无论是放管还是收管，都不能在地面拖拉，以免被尖锐杂物划破。

各种节水设备的停车，按前面讲述过的停机操作程序进行。

故障及排除方法：水泵常见故障与排除方法参见表7-1；动力机（油机或电机）、喷头、滴头的常见故障与排除方法，详见购机时各自的《使用说明书》。

2. 节水灌溉设备的维护保养

水泵、动力机（油机或电机）、喷头、滴头应按各自的《使用说明书》规定进行日常的和定期的保养。对于新泵，在运行100小时后，就应更换轴承机油，以后每500小时更换一次，如采用润滑脂润滑的水泵应1500小时更换一次。

在排灌季节结束或运行一定时期后，应根据使用情况做好以下维护保养工作：

（1）将水泵及管路内的余水全部放出。

（2）清除机组上尘土、油污，表漆脱落的地方应补涂或涂抹防锈油脂，联轴器配合止口应涂抹黄油。

（3）若管路、喷头、滴头拆卸方便，可将其拆下除锈涂漆，或清洗后涂油防锈，放置在干燥地方贮存；若管路拆卸不方便，应用盖板将出水口封好，以免杂物进入管路，甚至落入泵内。涂塑软管或塑料管使用后应立即放空存水，将表面泥沙清洗干净，晾干后卷成盘状存放，管道连接件清洗干净后装箱存放。

（4）清除填料上的潮气和腐蚀物，重新整修填料或更换填料。

（5）利用停歇期间，认真检查机组各个部位，使之保持良好的技术状态。

第八章
谷物干燥和农产品加工机具

第一节　谷物烘干机

谷物从田间收获后仍含有大量的水分，含有大于15%以上水分的谷物是不能进仓贮藏的，否则将使谷物霉烂。因此谷物在贮藏前必须进行干燥处理。谷物干燥处理中，靠自然晾晒、铺摊或集堆烘烤，耗用时间长、占地面积宽、受自然因素影响大、干燥质量难以保证，这种干燥方法仅适合谷物量小的情况采用。农村粮食生产专业户和粮食集散场所，都应根据谷物量的多少，选用处理量大小不同的谷物烘干机。

一、谷物烘干机的分类及干燥原理

（一）谷物烘干机的分类

谷物烘干机按设备结构分为固定式和移动式两大类，但是采用得多的是按谷物在烘干机内的运动状态进行分类。按这种分类，干燥机可分为下面几种：

1. 固定床干燥机

固定床干燥机是将谷物堆积或摊放在干燥仓内的垫床上静止不动，在风机的作用下，具有一定温度的干燥介质气流由上而下或由下而上穿透谷物层，将谷物水分带走，达到干燥目的。平床式烘干机、气流通风仓等都属于这一类，如图 8－1 所示。

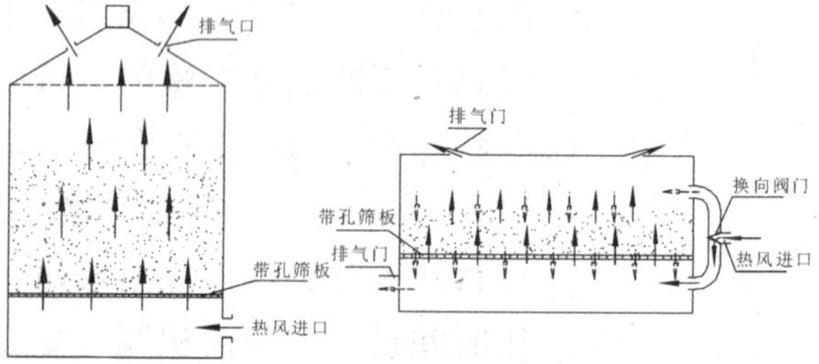

a.垂直气流通风仓　　b.平床上下交替进风干燥室

图 8－1　固定式干燥机示意图

2. 移动床干燥机

移动床干燥机是谷物通过设备结构作用缓慢从入口向出口移动，在移动过程中，具有一定温度的干燥介质气流对谷物进行干燥。滚筒式干燥机、塔式干燥机等都属于这一类，图 8－2 为滚筒式干燥机示意图。

3. 流化床干燥机

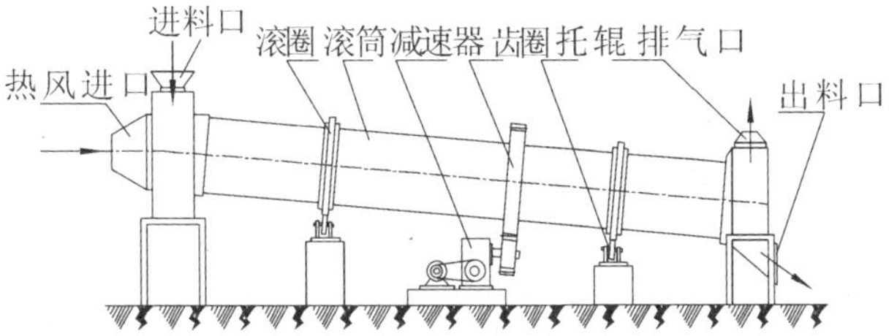

图 8－2　滚筒式干燥机示意图

流化床干燥机是用具有一定速度、一定温度的干燥介质气流，由下向上强制穿过筛板孔眼，使筛板上的谷物，沿着 3°～5°的斜面翻转滚动向前运动，直至从出料口排出，如图 8－3 所示。

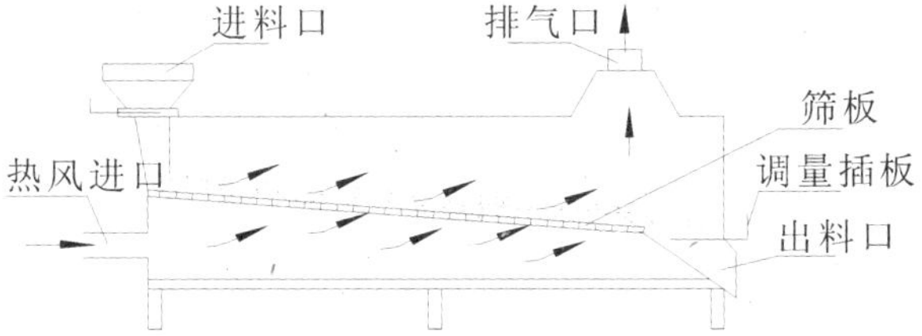

图 8－3　流化床干燥机示意图

4. 沸腾床干燥机

沸腾床干燥机是用具有较高速度、一定温度的干燥介质气流吹向谷物，使谷粒被轻微吹起翻转跳动，达到干燥的目的。

5. 喷动床干燥机

喷动床干燥机是将一定温度的干燥介质气流以更大的流速吹向谷物，使谷粒在机内像喷泉一样喷起，喷起的谷粒遇挡板受阻后，再向周围散落，最终达到干燥的目的，如图 8－4 所示。

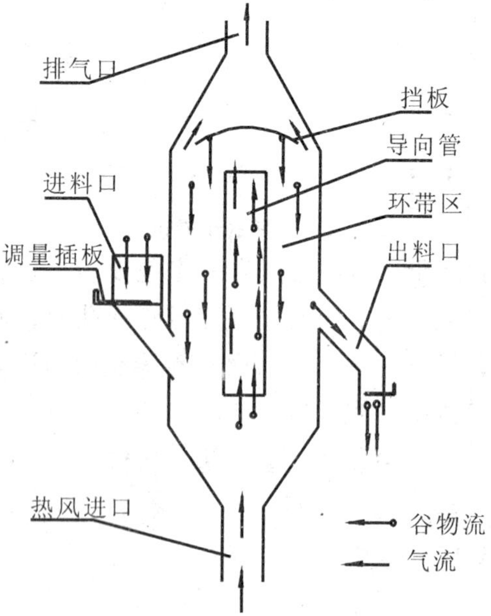

图 8－4　喷动床干燥机示意图

（二）谷物干燥机的干燥原理

1. 干燥原理

无论是哪种形式的谷物干燥机，都是为了降低谷物的含水量，通过具有一定热量的介质与谷粒接触，介质把热量传递给谷粒，使谷粒水分汽化释放，释放的水分子进入介质内，穿透过谷物料层的介质此时已变成饱含湿气的载体排出机外。

常用的干燥介质有空气、加热空气、烟气和空气的混合气等，不管用哪种都必须是含湿量低的、清洁的干空气。

影响干燥的主要因素是温度、干燥场相对湿度、干燥时间、介质速度以及谷粒走向。在干燥中，谷粒水分的散失是一个渐进过程，随着时间的增加，干燥场温度和相对湿度会相应变化，当这种变化到达一定值时，干燥场中吸湿体和散湿体水含量达到平衡，这就不利于干燥。要打破这种平衡，必须通过温度调节来降低干燥场的相对湿度。从理论上讲，它的目的是使湿气体中蒸汽的分压小于同温度下液体的饱和蒸汽压，只有这样，湿气体才具有容纳湿分而作为载湿体的能力，从而使谷粒中的水分容易得到释放，达到谷物干燥的目的。

2. 干燥过程

谷物经过干燥处理，变成含水量适合贮存的谷物，需要经历四个阶段：

（1）预热阶段：这一阶段，谷物湿度最大，介质所传来的热量主要用于谷物加温，谷物外表的水分开始有些汽化，此时的介质温度应是干燥要求的最高温度。

（2）干燥阶段：这一阶段前期，温度继续保持干燥要求的最高温度，使热量全部用于气化谷物中的水分，谷物中大部分水分在此时排出，一定要保证排湿口的通畅；这一阶段后期，谷物含水量下降速度变缓，为了保证谷物干燥品质，温度要适当低些。

（3）缓苏阶段：谷物经过前两阶段高温干燥后，谷粒内部具有比外部更高的温度，为了降低内外温差，以消除内应力，需要将谷物聚集，让谷粒相互“扯潮”，达到消除温差与应力，提高干燥均匀度的目的。

（4）冷却阶段：将被干燥谷物冷却至常温。超过常温的谷物是不能贮存的。

干燥过程中，被烘物料的温度总是低于干燥介质温度。被烘物料自身温度不能高，必须控制在一定范围内，否则会造成物料品质下降，甚至报废。一般农产品允许的最高温度见表 8－1。

表 8－1　允许的物料最高温度（℃）

种类 用途	玉米	小麦	燕麦	大麦	大豆	稻谷	花生	牧草	竹制品	药材（饮片）
种子	43	43	43	41	43	38	32	—	—	35
食用	54	55	55	41	40	38	32	—	—	50
饲料	65	65	65	60	—	38	—	60	—	—
其他	—	—	—	—	—	—	—	—	50	—

二、农村常用的谷物干燥设备

谷物干燥设备不少，象塔式干燥机、循环式干燥机、滚筒式干燥机、仓式太阳能干燥机等，都属于大型设备，处理量大、能源耗量大、投资费用高，目前在农村使用还受到一定的局限。农村常用的谷物干燥设备一般都是小型设备，处理量不大，拆装转移方便，适合村、社和粮食生产专业户对水稻、小麦、玉米等粮食进行干燥作业。

（一）移动式流化床谷物烘干机

移动式流化床谷物烘干机生产效率高，对含水量

22%以下的谷物在机内通过三次，其含水量基本达到入仓要求。以5YLH—2.5型移动流化粮食烘干机为例，谷物设计流程2.5 m，而它每小时谷物通过量达4000 kg，属于一种“抢救型”的谷物干燥设备，特别适用于阴湿天气较多的南方地区谷物干燥作业。

1. 结构特点

（1）移动式流化床谷物烘干机的加热炉、鼓风机、干燥箱体、上粮机等主要部件采用组合连接，每部分均装有轮子，调整位置移动方便；鉴于这种连接方式，该机拆装简单，更利于流动干燥作业。其结构如图8－5所示。

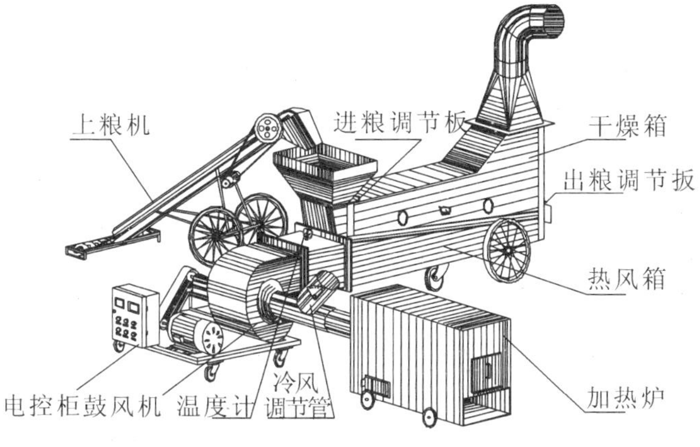

图8－5　移动式流化床干燥机结构

（2）采用气流干燥方式干燥谷物，谷粒一直受气流翻动，粮食与热气流接触面大，受热均匀，干燥效率高，干燥质量好。

（3）采用流化气流干燥，对干燥的粮食具有风选作用，烘后的粮食清洁度高。

（4）配置合理，各调节机构简单、紧凑，使用可靠。

2. 使用操作

（1）安装调试

①在较为宽敞、平整的地上，按图 8－5 所示位置将风机、加热炉、干燥体用螺栓连接，再放好上粮机。

②接好风机电机和上粮电机电源，并接埋好接地线。

③用手拉动鼓风机、上粮机上的三角带，检查是否转动灵活，皮带张紧是否合适。

（2）操作程序

在检查电压正常、机内无杂物、电机运转方向正确后，可以开机工作。

①使用加热炉生火。加热炉生火时，放入一定量的引火干木柴、干无烟煤将排烟囱阀门打开，在煤着火开始燃烧后，启动风机，适当控制冷风调节阀门（调大），使煤迅速烧旺。

②炉火正常后，关闭进粮料斗插板，开动上粮机把湿粮装满粮斗，待检查热风管上的温度计温度显示上 100℃后，再打开进粮斗闸门进粮，当孔板上全部铺上厚度为 10～12 cm 粮层后，再打开出粮斗闸门出粮，并控制出粮流量在 50～65 kg/min（视粮温而定）。

③根据温度计显示的温度，及时调节冷风管阀门，以保证所需要的热量和热风温度，在生产过程中要求孔板上谷粒流不断，喷带区谷粒翻动不止，严防由于冷风门开得过小，引起气流流量不足，致使粮层不能翻滚式前进，造成喷带区粮粒鼓泡或停滞不前，影响干燥质量。

④在干燥商品粮食时，用调节进、出料阀门大小的方法，使孔板上的粮层保持在 10 ~ 12 cm，并检查出粮温度，如出粮温度低于要求，则关小冷风门，提高热气流温度（一般热气流温度为 100℃ ~ 130℃时，出粮口温度为 50℃ ~ 55℃），在调节冷风门时，必须保证孔板上的粮食能喷动前进。如果升高热风温度后，出粮口温度仍达不到要求或粮食翻动不好，应调节进粮口闸门开度，适当降低粮层厚度，反之应加大粮层厚度和流量。对干燥种子粮，热气温度要低于 100℃，出口粮温度要低于 45℃（一般为 38℃ ~ 43℃）。

⑤烘后的谷物在缓苏仓（或晒场上集堆）进行 1 ~ 1.5 小时缓苏处理后，再进行复烘，需要连续进行三次，最后一次缓苏应把谷物降至常温为止。

移动式流化床干燥机干燥工艺流程如图 8 – 6 所示。

（3）停机程序

①停机前半小时应停止加煤，如果炉温降低，出口粮食温度达不到要求，则可通过减少流量，使出口粮温度符合要求。

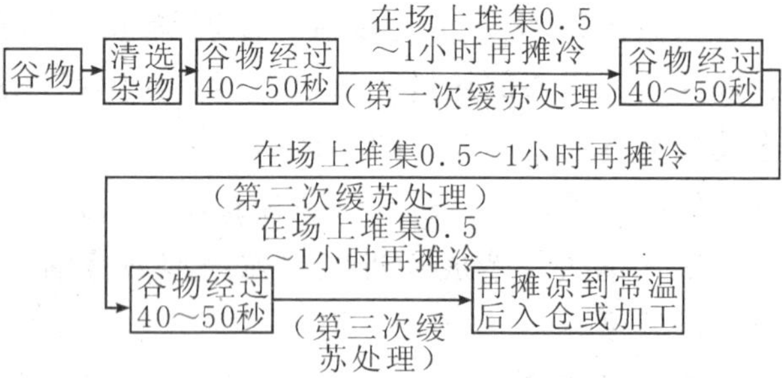

图 8－6　移动流化床谷物烘干机干燥工艺流程

②停机前先关上上粮机电机，待进粮斗流完，孔板上无粮粒时，立即将加热炉内的燃煤退出，使炉膛温度迅速下降。

③全开冷风阀门，使鼓风机向烘干体内送冷风，驱除水汽，加速散热。然后打开烘干体下面出灰孔封盖，清除孔板下的灰渣，再停止风机的运转。

3. 维护保养

（1）每天作业完毕后，必须清除所有机具外面的灰尘和粮粒等。

（2）每个烘干季节烘完后，必须将烘干体拆开，将内壁和孔板擦洗干净，然后重新涂防锈漆和加油；清扫加热炉内的余炭、余灰，补贴好缺损、松动的耐火砖。保持机具完好，确保下一次使用时保持良好的技术状态。

（二）多物料烘干机

多物料烘干机是一种低温静置干燥设备，它既适用于农村的村、社和粮食生产专业户对水稻、小麦、玉米等粮食进行干燥作业，又适用于土产、药材、日杂等部门对葵瓜子、辣椒、中药材（饮片）、竹制品等进行干燥。这种干燥机，干燥均匀、作业范围广，特别适用于阴湿天气较多的南方地区多种物料的干燥作业。

1. 结构特点

（1）加热炉、鼓风机、干燥箱体等主要部件采用组合连接，调整位置移动方便；鉴于这种连接方式，该机拆装简单，更利于流动干燥作业。

（2）采用气流干燥方式干燥物料，气流通过换向从上下两个方向轮番穿透物料层，使物料与热气流接触面大、受热均匀、干燥效率高、干燥质量好。

（3）采用与进风方向相反（下进上排和上进下排）的排湿方式，易于保证干燥质量。

（4）配置紧凑合理，各调节机构简单，使用可靠。

其结构如图 8－7 所示。

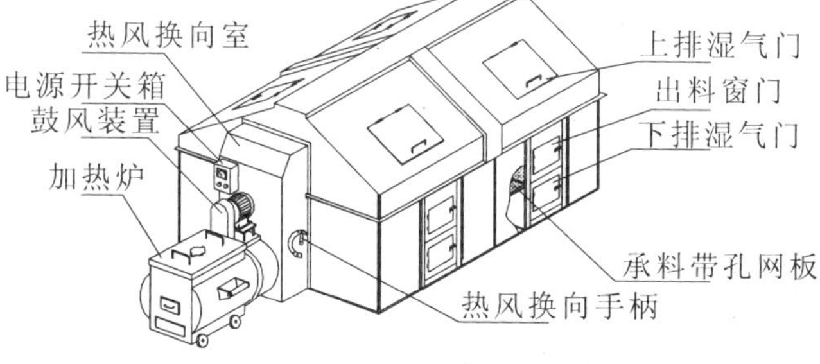

图 8－7 多物料烘干机结构示意图

2. 使用操作

（1）安装调试

①在较为宽敞、平整、通风良好、便于操作的地方，按图 8－7 所示位置将风机、换气室、干燥箱（物床）用螺栓连接，再将加热炉对正推至结合位置。

②接好风机电源，并接埋好接地线。

③用手拉动鼓风机上的三角带，检查是否转动灵活，皮带张紧是否合适。

④合上电源开关调试，运转鼓风机，电机运转时，观察其所带动的皮带旋转方向是否正确，如出现反转，应立即校正。检查各连接件、紧固件是否松动。检查鼓风机、换气室、烘干箱（物床）等各接口处有无漏气现象，如有漏气，应密封好。

（2）操作程序

①加热炉生火：加热炉生火时，放入一定量的引火干木柴、干无烟煤或焦炭，发火时也可将加热炉拉开，在煤着火开始燃烧后再按原位置推入，然后启动风机，适当控制冷风调节阀门（调大），使煤迅速烧旺。

②装料：装料与生火同时进行，被烘物料不同，铺放厚度也不一样，一般小的粒状物料铺得薄些，大的粒状物料和杆状物料铺得厚些，总的原则是能感觉到气流可以穿透过物料层。

③干燥温度的设定：根据被烘物料的水分含量和水分含量对物料品质的要求，确定合理的热风温度。

一般烘谷物的热风温度是 40 ~ 50℃，但是对于烘种子，热风最高温度不得超过 40℃，烘商品粮不得超过 50℃。由于条件不同，热风温度也可适当调节。对于物料温度请参照前面表 8 - 1 允许的物料最高温度运作，以免影响干燥质量。

④干燥温度的调节：在干燥过程中，应随时观察热风温度表，用调节煤炉燃烧量和风进气量来控制温度。

温度过高可少加煤或不加煤，将炉门敞开，或增大进风量，甚至可将炉灶拉开。

温度过低时，除添煤使火升旺外还可适当遮盖部分进风口道。

⑤热风风向定时切换：一般在热风温度正常的情况下 1.5 ~2 小时切换一次。随着物料含水量的不同，切换时间可适当调整。

⑥排湿孔的开启：初烘阶段，风温还没升上来，可开启少许缝隙，甚至不开。一旦风温正常，应逐步开大窗盖缝隙，使湿气大量排出。当热风由上往下吹时，开启下窗盖，当热风由下往上吹时，开启上窗盖。

⑦停机出仓：物料快要烘干时，应测量水分，达到入库标准时，可关机停炉，并缓慢冷却被烘物料。当其物料温度仅高于常温 5℃以下时，可装袋入库，否则会增加谷物的爆腰及其他物料的返潮。

在使用多物料烘干机时，应该注意：一是严禁烘易燃物料；二是机器发生故障应先停机降温，待机体到常温后，方可检修，若检修时间长，应将物料移出干燥仓摊晾；三是干燥过程开始后，中途不得长期停机，以免造成被烘物料霉变。

多物料烘干机干燥工艺流程如下：

生火 —无烟煤/焦炭— 人工上料 —— 启动风机 —1.5 ~ 2 小时— 换向通风 —— 停机冷却 —— 出料

（3）停机程序

①停机前半小时应停止加煤，降低炉温，

②待物料到出料温度时，关停风机电机。

③退除炉膛内的炭火。

3. 维护保养

（1）每天作业完毕后，必须清除所有机具外面的灰尘和被烘物料的残留物等。

（2）每个烘干季节烘完后，清扫加热炉内的余炭、余灰，补贴好缺损、松动的耐火砖。

（3）每个烘干季节烘完后，必须将烘干体拆开，将内壁和孔板擦洗干净，然后重新涂防锈漆和加油；保持机具完好，确保下一次使用时保持良好的技术状态。

（三）平床式多物料烘干机

平床式多物料烘干机也是一种低温静置干燥设备，它和前面的多物料烘干机相比，结构更为简单。

1. 结构特点

（1）加热炉、鼓风机、干燥箱体等主要部件采用组合连接，调整位置移动方便；由于这种连接方式，机型拆装简单，更利于流动干燥作业。

（2）烘室采用无顶盖结构。

（3）采用低温气流干燥，加热气流由下而上穿透物料层，没有换向，敞开排湿。

其结构样式如图 8－8 所示。

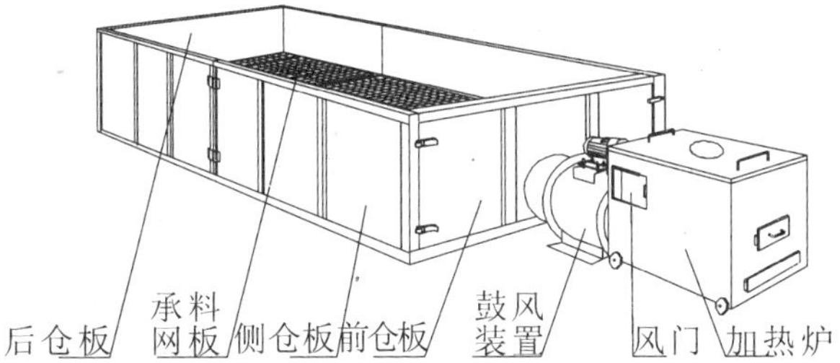

图 8－8　平床式多物料干燥机

这种机型结构简单、成本较低、上料、出料方便、适用范围大。但是单向送风难免对干燥均匀度造成一定影响，因此干燥过程中需花费人工对物料进行适时翻造；无节制地敞开排湿也会损耗一些热量。

2. 操作使用及维护

平床式多物料烘干机的操作使用及维护与前面所述谷物料烘干机基本相同，所不同的是在使用操作方面更为简单，无须热风换向、适时排湿变为适时翻动。这里就不再进行重述。

3. 平床式多物料烘干机微缩变形——多物料干燥（贮存）器

将平床式多物料烘干机各部件的结构按比例缩

小，四周仓板改为可折叠式。这种微小型干燥设备拆卸更为方便、又不占地方，它的干燥处理量不大，但足以解决几户农家的季节性干燥作业。它既适用于农村的个体户对水稻、小麦、玉米等粮食进行干燥作业，也适用于多种经营专业户对葵瓜子、辣椒、中药材（饮片）、竹制品等进行干燥。在非烘季节，在户内选择适当的地方组装箱体，将底板作为仓盖，形成储藏仓，可存放粮食等物料。所以又把这种平床式多物料烘干机微缩设备叫做多物料干燥（贮存）器。

（四）多物料烘干机常见故障及其排除方法

多物料烘干机常见故障及其排除方法见表 8－2。

表 8－2　多物料烘干机故障及其排除

故障现象	故障原因	排除方法
热风温度过低	1. 炉膛燃烧不好或燃煤不足。 2. 烟道不畅，风量过大。 3. 外界气温过低	1. 加大炉火，清渣加煤。 2. 清除积炭、烟尘，减小风量。 3. 加大火力，减小风量
热风温度过高	1. 炉火太旺。 2. 风量过小	1. 开大冷风门。 2. 调紧风扇皮带
烘干不均匀	1. 物料层厚薄不匀。 2. 翻仓方法不对。 3. 物料初始含水率相差太大	1. 铺放均匀。 2. 上下层及四角翻透。 3. 先烘含水率较高的物料，再将较干的物料加在一起烘
烘干耗时过长	1. 风量不足。 2. 热风温度过低。 3. 物料未翻动。 4. 物料含杂率过高	1. 调整电机皮带，保证转速。 2. 提高热风温度。 3. 及时翻动物料。 4. 清除杂草、泥块
爆腰多	1. 热风温度过高。 2. 干燥过度。 3. 烘干后处理不善	1. 降低热风温度。 2. 经常检测被干燥物料含水率。 3. 进行缓苏处理避免急剧冷却

续　表

故障现象	故障原因	排除方法
有异常响声	1. 风机叶片摩擦风筒。 2. 轴承和支承架连接螺栓松动	1. 调整后固定风筒。 2. 停机后紧固螺栓

第二节　粮食加工机械

田间收获的粮食，一般都要经过加工处理才能被很好地利用，人们食用的大米、面粉都是由稻谷、小麦经过加工后而成的。以往粮食加工多集中在大型粮食加工厂进行，现在农村各乡镇都有小型粮食加工厂或粮食加工站点，就地解决粮食的加工问题。这样既可减少往返运输的麻烦，又可回收加工副产物作饲料、燃料。本节着重介绍农村常用的稻谷、磨面加工机械。

一、稻谷加工机械

（一）稻谷的加工方法

稻谷的加工方法有两种：

1. 一次加工法

一次加工法是将稻谷送入机内经加工一次出白米，又称“稻出白”。一次加工法设备单一、使用管理方便、生产效率高，但碎米率也高，这对出米率就会产生影响，一般多用于农村小型加工厂。

2. 两段加工法

两段加工法是先将稻谷进行砻谷加工，剥去稻壳形成糙米和谷壳，分离出稻壳后，再将糙米进行碾米处理，剥皮去糙变成白米，又称“糙出白”。这种方法出米率比“稻出白”高2%～3%，碎米率也比“稻出白”低，但设备投资大，使用管理要求高，一般多用于大型米厂。

根据以上的加工方法，稻谷加工机械有砻谷机、碾米机及组合米机等类型。

（二）砻谷机的构造与工作原理

砻谷机的作用是将稻壳剥掉，使稻谷成为糙米。常用的砻谷机有两种，一种是胶辊砻谷机，另一种是沙盘砻谷机。

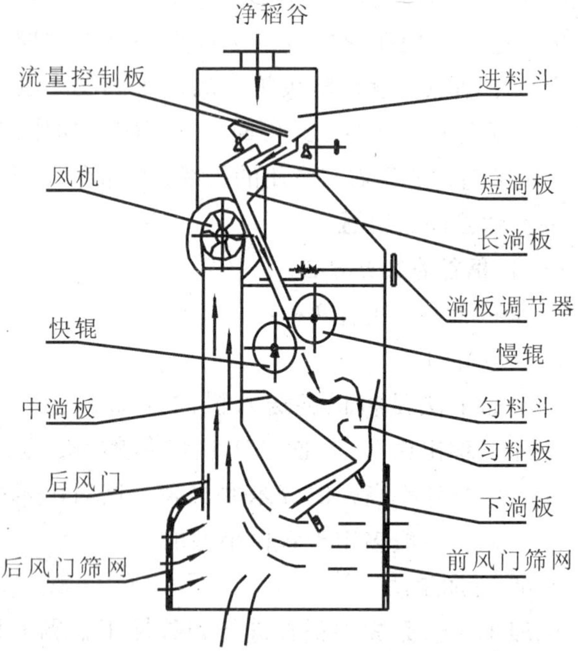

图8－9　胶辊砻谷机工作原理示意图

1. 胶辊砻谷机

胶辊砻谷机由进料斗、胶辊、风机、传动机构等组成（见图8－9）。

橡胶制成的胶辊是砻谷机的核心部件。当稻谷从进料斗进入，经流量控制机构沿短淌板、长淌板流入两胶辊间，由于两胶辊间的轧距小于谷粒厚度，且按不同的速度相对旋转，对谷粒进行挤压和搓擦，将谷壳撕裂脱壳，脱壳后的物料经匀散后从下淌板流到谷壳分离区，谷壳被气流带走，瘪谷及谷糙混合物分别由各自的出口排出机外。

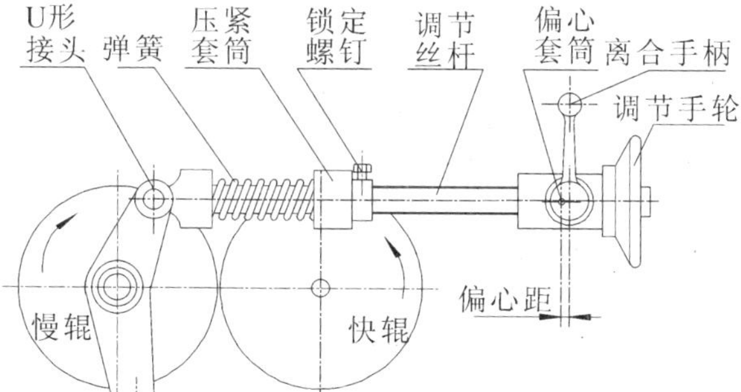

图8－10　手动轧距调节装置

两胶辊间的轧距大小关系着砻谷质量，轧距太小碎米率增大，轧距太大脱壳率降低。因此，砻谷机都有按需要调节两轧辊间轧距的机构，这种机构有自动的、液压的、手动的，一般中小型砻谷机多采用手动机构，如图8－10所示。调节时，由于快辊轴心是固定不动的，只要旋动调节手柄，通过调节丝杆推拉U

形接头移动慢辊，直到调至所需辊距后再行锁定。

2. 沙盘砻谷机

沙盘砻谷机由进料斗、沙盘、传动机构等组成（见图 8－11）。

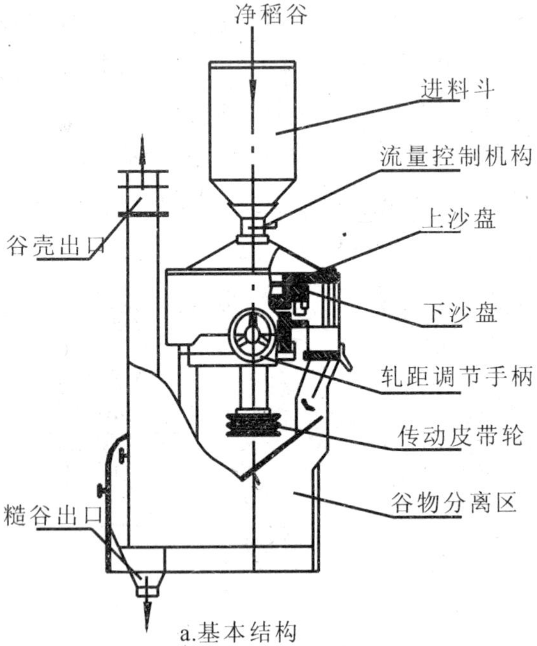

a.基本结构

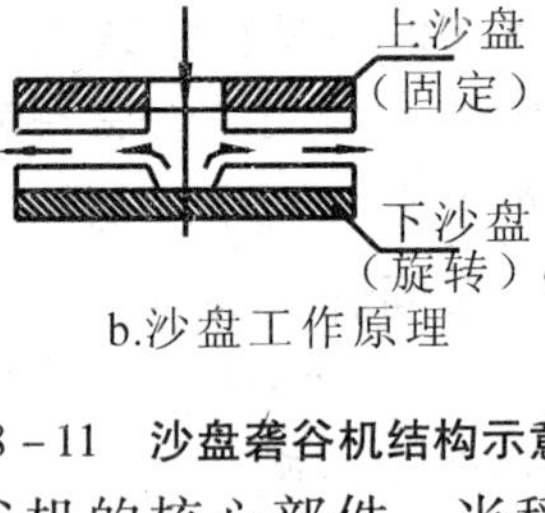

b.沙盘工作原理

图 8－11 沙盘砻谷机结构示意图

沙盘是砻谷机的核心部件。当稻谷从进料斗进入，经流量控制机构流入两沙盘间时，由于上沙盘固定不动，下沙盘作相对旋转，两沙盘对谷粒进行挤压、剪切和搓擦，将谷壳撕裂脱壳，脱壳后的物料从淌板流到谷壳分离区，谷壳被气流带走，瘪谷及谷糙混合物分别由各自的出口排出机外。

沙盘砻谷机的特点是：结构简单、操作方便、制作容易、造价不高。但是这种机型对谷粒损伤大，碎米率较高，因此使用量逐渐减少，被胶辊式砻谷机所替代。

（三）碾米机的结构与工作原理

碾米机的作用是将脱壳后的糙米碾白或将稻谷脱壳碾白。常用的碾米机有铁棍碾米机、砂辊碾米机、混合式（铁、砂辊同用）碾米机和组合式（砻、碾同机）碾米机。

1. 铁棍碾米机

铁棍碾米机由进料口、米机盖、铁辊筒、米刀、米筛等组成，见图 8－12。

铁棍筒是这种碾米机的核心部件，由铸铁冷模浇注而成，表面呈硬度高的白口铁，一般辊筒为两节（也有整体铸造的）。靠近进口端外表有 2～3 条筋与轴线成 30°～40°夹角，起输送米粒的作用，称为推进齿；辊筒中部至出口端，外表有 2～6 条筋，与轴线成小于 6°的夹角，起翻动精白米粒的作用，称为精白齿。筋的高度大于米粒的长度，这样米粒穿过米刀时，不致被折断。

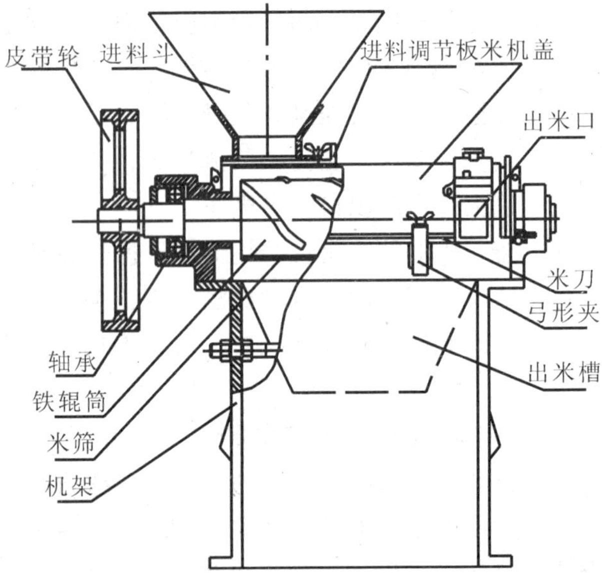

图 8－12　铁棍碾米机结构示意图

铁棍筒、米机盖和米筛之间的间隙，组成了碾白室。当糙米从进料斗流入碾白室时，受到碾白室各部件的摩擦及米粒间自身的相互摩擦，原料不断进入，碾白室内的挤压力不断增大，促使米粒在移动过程中摩擦作用增强，当摩擦力大到能克服米粒皮层与胚乳之间的连接力时，皮层和胚乳之间便产生滑移，致使皮层延伸、断裂以致脱落，米粒变白。

若要直接碾稻谷，需要反复 2～3 次才能得到纯净的白米。

铁棍碾米机的特点是：结构简单、适应性强、成品外观好，但碎米率不高。

2. 砂辊碾米机

砂辊碾米机有卧式、立式、混合式等类型。卧式砂辊碾米机的结构与铁棍式碾米机基本相同，只不过用金刚砂烧制的砂辊代换了铁棍，砂辊辊筒表面有密布而尖锐的刃口，这些刃口对米粒皮进行切削和碾磨，将米粒皮层剥离，再加上米粒间的相互摩擦，达到精白作用，它的工作原理与铁棍碾米机相似。

砂辊碾米机的特点是：碾白室更为简洁、效率高、碎米少、留胚多，但加工出来的成品白米表面不够光滑。

3. 混合式碾米机

混合式碾米机的类型很多，图 8－13 所示的是一种砂辊与铁棍集中在一起的混合碾米机。两种辊筒的作用和工作原理与前述相同。工作时，稻谷先进入砂辊碾白室加工，然后流入擦米室，由铁棍将米粒表面的糠粉擦去，使成品更为光洁。如不需要擦米，由砂辊加工后的大米可直接由分路器排出。

4. 组合米机

组合米机是一种小型、高效稻谷加工设备。它的种类很多，由于组合方式不同，结构和工艺流程也不一样。但是砻谷、碾米、壳糙分离、米糠分离等运行手段在各种组合米机中都必须体现，而这些手段形成的各部件，其工作原理与前述相同。在组合米机中，风机、风道及调控机构都比以上几种米机多，这对它的壳糙分离、米糠分离、碾白室米温降低及各种排料

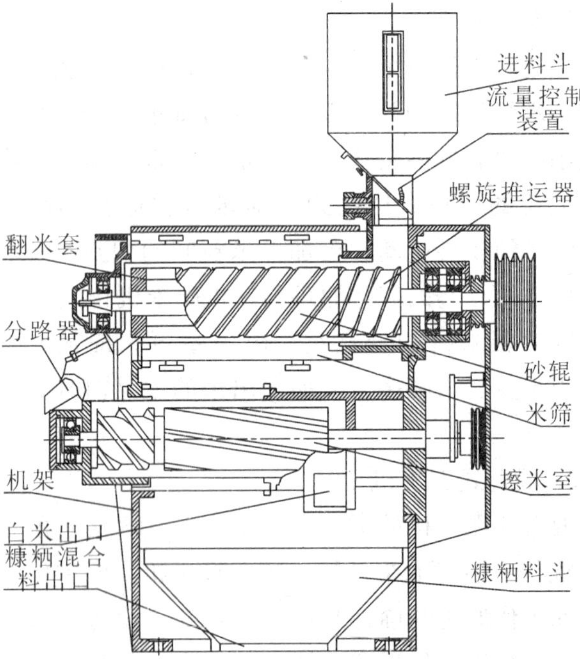

图 8－13　混合式碾米机结构

的通畅都有好处。因此组合米机加工的大米米色光洁，但这种米机成本较高。

（四）稻谷加工机械的使用与维护

任何一种稻谷加工机械在购置时都会随机发送其《使用说明书》，购机后必须要仔细阅读《使用说明书》内容，特别要注重安全事项和操作规程，以免造成伤害和机器损坏。

1. 安装调试

（1）主机安装：一般稻谷加工机械都是整机出

厂，不会在现场组装。若是机器安装在固定的加工厂，可将机器置放在平整的水泥基座上，安装时机器四角一定要垫平，用地脚螺钉固定；若机器需要流动作业，必须用坚实的木料或钢材制成整体垫架，将机器固定其上，使用时要垫平并考虑减震。

（2）动力配套设备安装：所配动力一般都是按机器铭牌上的功率配置的电动机或油机，不能随意更改配置，也不能随意更改规定的轴端皮带轮直径大小。电机安装时，一定要埋接好地线；皮带轮安装时，两皮带轮相应的轮槽中心线平直并与皮带轮所在轴的轴心线垂直。

（3）调试：安装完毕后，启动动力机进行 3 ~ 5 分钟的试运转。通过试运转检查各转动件旋转方向是否正确，皮带张紧是否适度，机器内有无异常声响，旋转件转动是否灵活无卡滞现象。检查调整完毕后，机器才能工作。

2. 使用调整

机器启动后，稻谷或糙米进入机内，开始脱壳或碾白加工，加工质量的好坏与使用中相关机构的调整有密切关系。

（1）辊筒转速：辊筒转速直接影响加工质量和生产效率，机器出厂时已额定了辊筒转速，一般不宜轻易改动。

（2）进出口插板开度调整：调整进出口插板开度可控制米机的流量和机内压力，进口与出口插板的调节要相适应。若进大出小，碾白室压力增大，破壳及碾白效果显著，但排料不畅易造成堵塞，产生大量碎米，同时增加动力消耗；若进小出大，生产率降低，碾白效果变差。生产过程中，常以进口插板控制流量，出口插板控制机内压力，以保证精度要求。

（3）米刀调整：米刀调整与进出口插板开度调整配合进行，当进出口插板调节还不能达到精度要求时，才调整米刀，调了米刀再复查进口插板开度能否再提高流量，调整合适后，将米刀固定螺母拧紧，不再随意变动。

（4）米筛调整：米筛调整主要是检查有无安装不当或破损，致使细糠中混有整米，若经处理后仍有整米漏出，应更换小筛孔的米筛。

（5）清理积糠：米机工作时，出口常积附有米糠，应及时清除以保持出口通畅。

3. 米机的维护

米机一般是常年性工作的机械，应按《使用说明书》要求进行定期保养和检修。在维护方面还应该注意：

（1）原料清杂：在稻谷或糙米进入进料斗前，应把其中的石块、金属物、纤维织物、长秸秆等清除，以避免损坏机器或引起缠绕造成堵塞。

（2）不超负荷运行：超负荷运行既增加动力消耗，又会加速机器零部件的磨损，同时也使加工质量难以保证，操作使用时，应按铭牌上的规定运作。

（3）加工完毕后的清理：主要是清理碾白室内的剩余粮食，以防发生霉变。

（4）长时间停机处理：机器若长时间不用，应清理机内各个部分的剩余粮食，擦去机器外表的灰尘，封盖好进料斗避免杂物落入机内，对于流动作业的机器一定要放在干燥、通风的地方。

4. 米机的故障及其排除

米机的类型较多，铁棍米机是当前农村用得较为普遍的机型，这里将铁棍米机的故障及其排除方法作介绍（表8－3）。

表8－3　铁棍碾米机故障及排除方法

故障现象	故障原因	排除方法
含谷量增高	1. 碾白室压力小。 2. 米刀磨损或间隙过大。 3. 米机进料段磨损严重。 4. 原粮太湿	1. 调节进口插板或出口插板。 2. 将米刀调头，调面或更换。 3. 更换米机盖。 4. 干燥原粮
碎米多	1. 米刀与辊筒间隙过小，出口插板开度过小或出口积糠堵塞。 2. 辊筒转速过高或过低。 3. 原粮太干。 4. 米筛安装不当	1. 调节米刀、出口插板开度，清理积糠。 2. 重新调节辊筒转速。 3. 喷洒少量水。 4. 检查米筛，重新安装
米粒精度不均匀	1. 辊筒磨损。 2. 米刀磨损。 3. 进料太少。 4. 进出口开度过大	1. 更换辊筒。 2. 将米刀调头，调面或更换。 3. 调节进料口插板。 4. 调节出料口插板
产量下降	1. 碾白室压力调节不当。 2. 转速过低。 3. 辊筒磨损。 4. 进出口插板开度不合适。 5. 原粮太湿	1. 重新调节碾白室压力。 2. 保证主轴额定转速。 3. 更换辊筒。 4. 重新调节进出口插板开度。 5. 干燥原粮

续 表

故障现象	故障原因	排除方法
米机堵塞	1. 进口插板开度大，出口插板开度小。 2. 出口积糠。 3. 原粮太湿排糠不畅。 4. 皮带严重打滑。 5. 原粮中杂物太多	1. 调节进出口开度。 2. 检查筛孔是否堵塞。 3. 干燥原粮。 4. 检查原因再进行排除。 5. 清选原粮
轴承过热	1. 润滑脂不足或不清洁。 2. 轴承损坏。 3. 原粮太湿或皮带太紧	1. 加注或更换润滑脂。 2. 更换轴承。 3. 干燥原粮，调整皮带紧度

二、磨粉机械

磨粉机械主要用于小麦、玉米、高粱等粮食加工，使粮食研磨成粉，经过筛理，粉麸分开，达到制粉目的。按其磨粉部件结构的不同，磨粉机械有圆盘式、锥式、辊式三种类型。前两种机型结构简单，使用维修方便，但加工质量差，动力消耗大，已用得越来越少；辊式磨粉机加工质量好、生产效率高，大型面粉加工厂普遍使用这种机型。近年，小型辊式磨粉机已在农村广泛推广使用。

（一）辊式磨粉机

1. 辊式磨粉机的结构

辊式磨粉机主要由机架、传动、磨粉、筛理四大部分组成，见图 8－14（a）。机架部分由普通铸铁或槽钢作撑架，较为厚实的钢板作垫板组接而成，承载着各个部件；传动部分由电机动力通过三级皮带传动和一级齿轮传动，驱使快慢辊、喂料辊及圆筛工作，见图 8－14（b），有的磨粉机中没有喂料辊；磨粉部分由进料斗、流量调节机构、合金铸铁制成的快慢磨辊等组成，这一部分是磨粉机的核心工作部件；筛理部分的作用是将研磨后的料中粉麸分开，使面粉和麸渣从不同的口道排出，排出的粉和麸渣一般都要反复加工几次才能达到要求，筛理有的采用震动方形筛，有的采用回转式圆筒筛（图 8－14 所示为圆筒筛）。

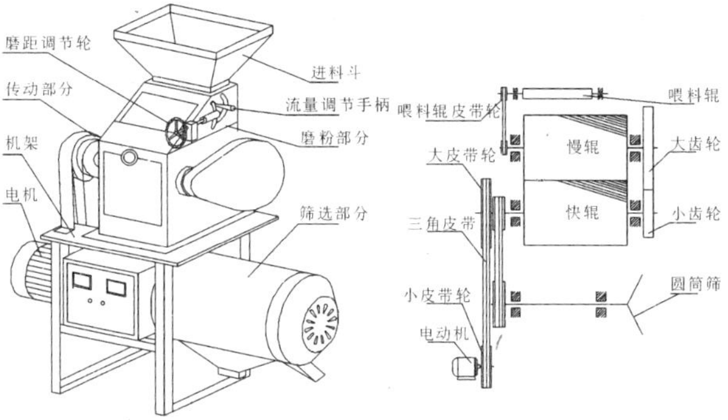

a.结构示意图　　　b.传动简图

图 8－14　辊式磨粉机

2. 辊式磨粉机的工作原理

当物料从进料斗通过喂料辊、流量调节板流到慢辊上，再由慢辊将其送到快慢辊之间，在两辊对碾压力的作用下物料被挤压破碎，加之两磨辊转速不同，物料在受到挤压力的同时还要承受很大的剪切力，这样就使碎粒更加细化。若采用带齿磨辊，锐利的齿锋对物料还能进行磨削作用。磨碎的物料经磨辊下方出料斗流到圆筛，旋转着的圆筛中，细粉在风叶板旋动产生的风和毛刷的作用下，通过筛网由出粉口流出，麸渣由圆筛一端的麸渣出口流出，流出后的麸渣一般都要反复再送入进料斗加工几次。其工艺流程见图 8－15。

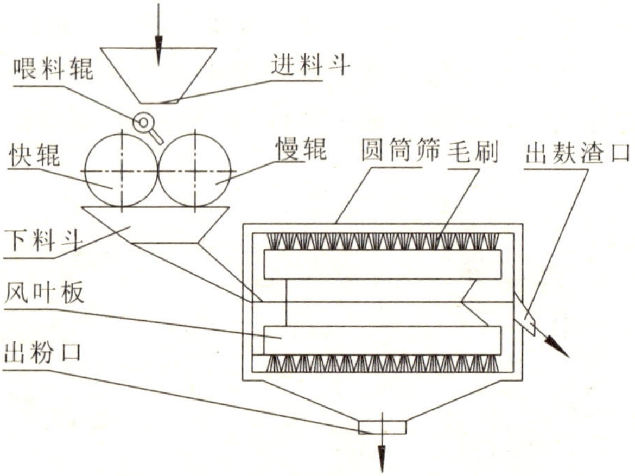

图 8－15　辊式磨粉机工艺流程示意图

（二）圆盘式磨粉机

圆盘式磨粉机的磨粉工作部件体积不大，是一对带有磨齿的静、动磨盘，故圆盘式磨粉机又叫小钢磨。圆盘式磨粉机由机架、传动、磨粉、筛理四大部分组成，其结构样式如图 8－16 和图 8－17 所示。

磨粉部分是圆盘式磨粉机的核心，它由主轴、粉碎齿轮、粉碎齿套、静磨盘、动磨盘等组成。由铸铁制成的粉碎齿轮和粉碎齿套构成一对工作副，对物料进行前期粉碎；由冷铸铁制成带有磨齿的静磨盘和动磨盘构成另一对工作副。静、动磨盘间的间隙是可调的，对初碎过的物料再进行磨碎。

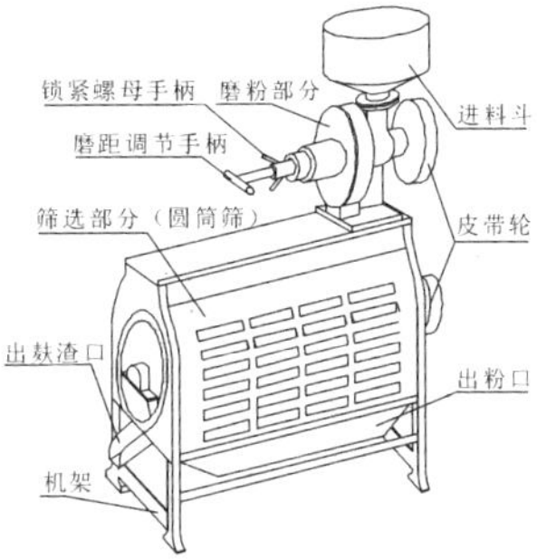

图 8－16 圆盘式磨粉机外形示意图

圆盘式磨粉机工作时，物料由进料斗按调节控制量先进入粉碎齿轮和粉碎齿套间初步粉碎，然后流入静磨盘和动磨盘间进行研磨，研磨后的物料又流到圆筒筛进行筛理，使面粉和麸渣从各自出口排出。

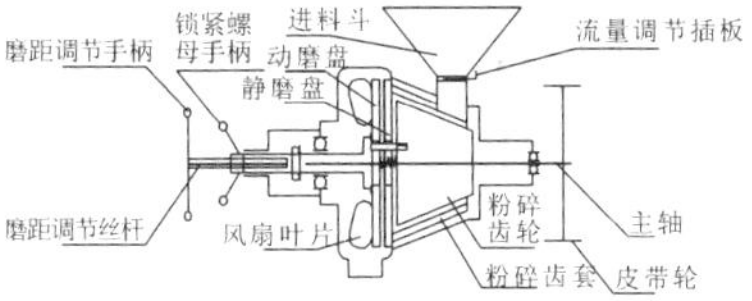

图 8－17 圆盘式磨粉机磨粉部分结构原理示意图

圆盘式磨粉机与辊式磨粉机结构形式不同，但其磨粉工作原理及工艺流程两者基本相同。

（三）锥式磨粉机

锥式磨粉机主要工作部件是由冷铸铁制成的内外两个锥形磨头（也称动磨头、静磨头），磨头间的间隙是可调的，内、外磨头上都有细密的磨齿，用来增强粉碎和研磨能力。

锥式磨粉机与圆盘式磨粉机、辊式磨粉机结构形式不同，但其磨粉工作原理及工艺流程都是基本相同的，见图 8－18。

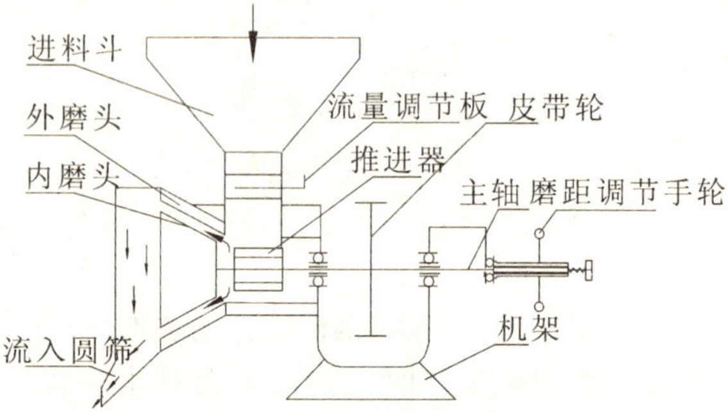

图 8－18　锥式磨粉机结构原理示意图

（四）磨粉机的使用与维护

任何磨粉机在购置时都会随机发送其《使用说明书》，购机后必须仔细阅读《使用说明书》内容，特别要注重安全事项和操作规程，以免造成伤害和机器损坏。

1. 安装调试

（1）主机安装：一般磨粉机都是整机出厂，不会在现场组装。应将机器置放在平整、坚实的地板上，若长期固定作业，可浇注水泥基座，安装时机器四角一定要垫平，再紧固地脚螺钉；若机器需要流动作业，必须用坚实木料或钢材制成整体垫架，将机器固定其上，使用时要垫平并考虑减震。

（2）动力配套设备安装：所配动力一般都是按机器铭牌上的功率配置的电动机或油机，不能随意更改配置，也不能随意更改规定的轴端皮带轮直径大小。电机安装时，一定要埋接好地线；皮带轮安装时，两皮带轮相应的轮槽中心线平直并与皮带轮所在轴的轴心线垂直。

（3）调试：安装完毕后，启动动力机进行3～5分钟的试运转。通过试运转检查各转动件旋转方向是否正确，皮带张紧是否适度，机器内有无异常声响，旋转件转动是否灵活无卡滞现象。检查调整完毕，机器才能工作。

2. 使用调整

机器启动后，被加工物料进入机内，开始粉碎和研磨加工，加工质量的好坏与使用中相关机构的调整有密切关系。

（1）主轴转速：主轴转速直接影响加工质量和生产效率，机器出厂时已额定了主轴转速，一般不宜轻易改动。

（2）喂入量调整：调整进料口插板可控制物料进机的流量。若进料太少，生产率降低，白耗能源；若进料太多，磨粉质量下降，能源消耗增加，磨粉部件运转不平稳。

（3）磨距调整：磨距调整关系到磨粉质量，磨距的大小要根据所磨物料的品质与磨粉精度要求进行调节，在使用中要随时检查磨碎情况，若达不到精度要求或磨碎均匀度太差，应及时调整磨距。

（4）圆筛调整：圆筛调整主要是调整筛网的张紧

程度，张得太紧容易使网格变形，会影响筛网寿命；长期工作筛网也要松弛，容易积料造成筛选不净。因此，圆筛使用一段时间后要通过调节机构进行张紧。在调节筛网时，一定要将风叶板上的毛刷调至紧贴筛网后再进行锁定。

（5）传动皮带紧度的调整：皮带张紧应适度，张得太紧，消耗动力，容易造成相关零件温度升高，降低了皮带使用寿命；皮带太松，会造成打滑，功率不能完全传递，主轴转速降低，生产率及磨粉质量下降。

3. 磨粉机的维护

磨粉机一般是常年性工作的机械，应按《使用说明书》要求进行定期保养和检修。在维护方面还应该注意：

（1）原料清杂：在物料进入进料斗前，应把其中的石块、金属物、纤维织物等清除，以避免损坏机器或引起缠绕造成堵塞。

（2）不超负荷运行：超负荷运行既增加动力消耗，又会加速机器零部件的磨损，同时也使加工质量难以保证，操作使用时，应按铭牌上规定的运作。

（3）加工完毕后的清理：主要是清理机内的剩余物料，以防发生霉变，进料斗物料流完后，机器还需运转3～5分钟，尽量让磨后的粉、麸渣出尽，然后再关机。

（4）长时间停机处理：机器若长时间不用，应清理机内各个部分的剩余粉、麸渣，进行一次彻底保养，擦去机器外表的灰尘，封盖好进料斗以避免杂物落入机内，对于流动作业的机器一定要放在干燥、通风的地方。

4. 磨粉机的故障及其排除

磨粉机常见故障及排除见表8－4。

表8－4 磨粉机常见故障及排除

故障现象	故障原因	排除方法
机器不转	1. 主轴卡滞，转动不灵活。 2. 主轴弯曲变形	1. 清洗加润滑油。 2. 校正或更换主轴
不出面粉	主轴转向不对	电机电源接线换相
生产率低	1. 主轴转速低。 2. 动力不足。 3. 磨粉部件间隙太小。 4. 磨粉部件磨损	1. 调到额定转速。 2. 更换大的动力机。 3. 适当调大轧距。 4. 更换磨粉部件
麸渣内面粉多	1. 原粮湿堵住筛网孔。 2. 进料流量过大。 3. 风叶轮转速不够	1. 晒干原粮清扫筛网。 2. 调整进料流量。 3. 张紧皮带
出面口有麸渣	筛网破损或没有安装好	修补筛网或重新安装
筛网突然破裂	1. 流量突然增大。 2. 物料中混有石块或硬杂物。 3. 进料口插板未关就装粮	1. 控制流量使其均匀喂入。 2. 清选原粮。 3. 关好插板再装粮
面粉温度高	1. 转速过高。 2. 进料过多负荷大。 3. 轧距太小。 4. 原粮太湿	1. 调到额定转速。 2. 减少进料。 3. 适当调大轧距。 4. 晒干原粮
轴承温度高	1. 轴承缺油。 2. 轴承损坏	1. 加注润滑油。 2. 更换轴承

第三节 饲料加工机械

饲料加工机械种类很多，由于对饲料加工要求不同，在饲料粉碎、切碎、蒸煮、调制、制粒等各个环节都有相应的机械设备。本节将着重对农村常用的饲料粉碎机和饲料切碎机作介绍。

一、饲料粉碎机

饲料粉碎机是一种高效粉碎机具，它利用高速旋转体上的零件撞击饲料，使饲料粉碎。旋转体上的零件呈钉状、按一定规律排列的粉碎机叫齿爪式粉碎机；旋转体上的零件用可转动的条形钢板、按一定规律排列的粉碎机叫锤片式粉碎机。

（一）齿爪式粉碎机

1. 齿爪式粉碎机的结构

齿爪式粉碎机主要由机架、传动、进料、粉碎、出料等几部分组成（见图 8－19）。它具有结构紧凑、体积小、效率高、一机多用等特点。

机架由角钢焊接而成，支承着整个机器；进出料部件由 1～2 mm 厚的薄钢板焊接而成，是被粉碎物料的送入和排出口道，在进料口装有流量调节板以控制进料的多少；传动是靠电机或油机作动力，通过皮带轮、皮带把动力传递给主轴，使紧固在主轴上的动齿盘高速旋转（3000～5000 r/min），让齿爪击碎饲料。

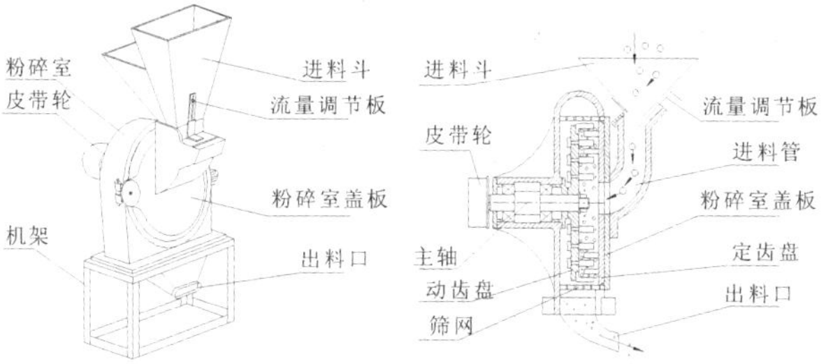

a.外形示意图　　b.结构、原理示意图

图 8－19　齿爪式粉碎机

粉碎部分是机器的核心部件，它包括机壳、定齿盘、动齿盘、筛网几个主要部件，由铸铁制成的机壳将其余部件包在其中，形成一个粉碎室。在室内，定齿盘与粉碎室盖板相连，工作时与机壳形成一个整体，固定不动；动齿盘紧固在主轴上，随主轴高速旋转。齿盘均由铸铁制成，其上安装的齿爪是经过热处理后硬度较高的钢件；筛网用优质碳素钢板冲孔制成，它与齿盘轮缘有一定间隙，绕齿盘形成一圈，达到粉碎要求的细粒从筛孔排出流到出料口。

2. 齿爪式粉碎机的工作原理

粉碎机工作时，物料从进料口进入粉碎室，高速旋转的动齿盘上的齿爪不断对物料进行撞击、冲破，被撞击后的物料到定、动齿爪间既受到挤压，又受到剪切，同时被撞击后的物料相互间也要碰撞、摩擦，机器在运转，这些力的作用在不断进行，使物料逐渐粉碎。由于动齿盘高速旋转，加速了粉碎室内腔空气的震动，形成一定的风压，把粉碎的物料从筛孔吹出，过不了筛孔的颗粒留在粉碎室继续粉碎，直到通过筛孔为止。

（二）锤片式粉碎机

1. 锤片式粉碎机的结构

锤片式粉碎机主要由机架、传动、进料、粉碎、出料等几部分组成（见图 8－20）。

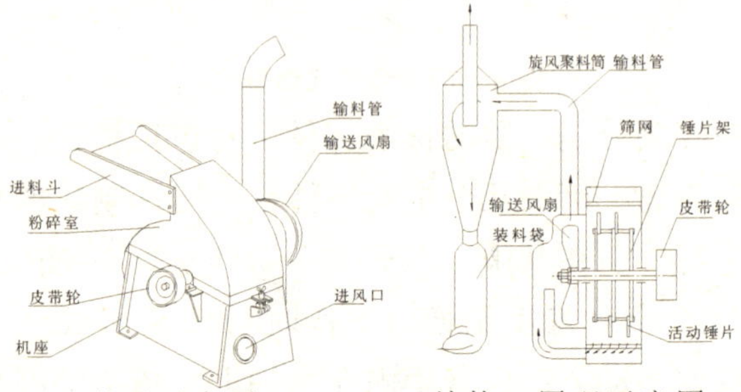

a.外形示意图　　b.结构、原理示意图

图 8－20　锤片式粉碎机

机座和粉碎室下机壳由铸铁浇注而成一整体，支承着整个机器；进料部件由 2 mm 厚的薄钢板焊接成槽形，是被粉碎物料的送入口道，在进料口装有流量调节挡板以控制进料的多少；传动是靠电机或油机作动力，通过皮带轮、皮带把动力传递给主轴，使紧固在主轴上的锤片架及其锤片、风扇叶片高速旋转，让锤片击碎饲料；出料部分由风扇叶片、输料管、旋风聚料筒（又叫旋风除尘器）组成。

粉碎部分是机器的核心部件，它包括上机壳、锤片架、锤片、筛网几个主要部件，由铸铁制成的上机壳通过铰链与下机壳连在一起，将其余部件包在其中，形成一个粉碎室。在室内，由圆盘与销轴组成的锤片架与主轴相连，锤片空套在锤片架外缘销轴上，形成一个转子整体，锤片是经过热处理后硬度较高的钢件；筛网用优质碳素钢板冲孔制成，它与锤片旋转外缘有一定间隙，安装在粉碎室下方，达到粉碎要求的细粒从筛孔排出。

2. 锤片式粉碎机的工作原理

粉碎机工作时，物料从进料口进入粉碎室，高速旋转的转子上的锤片不断对物料进行撞击、冲破，被撞击后的物料相互间也要碰撞、摩擦，机器在运转，这些力的作用在不断进行，使物料逐渐粉碎从筛孔流出，过不了筛孔的颗粒留在粉碎室继续粉碎，直到通过筛孔为止。

通过筛孔的粉碎物，在高速旋转的风扇叶片形成的气流作用下送入输料管和旋风聚料筒，并沿筒壁切线方向逐步向锥形下部旋进落入筒底，通过出料口装入收料布袋，分离后的气流和轻于饲料的灰尘，因离心力小，而从聚料筒中间的排气管排出。

（三）粉碎机的使用与维护

购机后必须仔细阅读《使用说明书》内容，特别要注重安全事项和操作规程，以免造成伤害和机器损坏。

1. 安装调试

（1）主机安装：应将机器置放在平整、坚实的地板上，由于粉碎机是高速旋转作业机具，最好浇注水泥基座，并根据机座孔位置预埋地脚螺钉，安装时机器四角一定要垫平，再紧固地脚螺钉；若机器需要流动作业，必须用坚实木料或钢材制成整体垫架，将机器固定其上，使用时要垫平并考虑减震。

（2）动力配套设备安装：所配动力一般都是按机器铭牌上的功率配置的电动机或油机，不能随意更改配置，也不能随意更改规定的轴端皮带轮直径大小。电机安装时，一定要埋接好地线；皮带轮安装时，两皮带轮相应的轮槽中心线平直并与皮带轮所在轴的轴心线垂直。

（3）调试：安装完毕，启动动力机进行 3～5 分钟的试运转。通过试运转检查各转动件旋转方向是否正确，皮带张紧是否适度，机器内有无异常声响，旋转件转动是否灵活无卡滞现象。检查调整完毕后，机器才能工作。

2. 使用调整

机器启动后，被加工物料进入机内，开始粉碎和研磨加工，加工质量的好坏与使用中相关机构的调整有密切关系。

（1）主轴转速：主轴转速直接影响加工质量和生产效率，机器出厂时已额定了主轴转速，一般不宜轻易改动。

（2）喂入量调整：调整进料口挡板可控制物料进机的流量。若进料太少，生产率降低，白耗能源；若进料太多，粉碎质量下降，动力机超负荷工作，能源消耗增加，此时应停止进料，待转速恢复正常后再行加料。

（3）齿爪、锤片调整：齿爪、锤片长期使用后沿旋转方向磨损较大，会影响其打击粉碎力度，因此必须翻面安装继续使用，锤片还可调头安装。这里应注意，机器在出厂时齿爪或锤片的大小、数量和位置都是通过平衡试验定下来的，不要轻易改变，否则会造成机器的震动，缩短机器使用寿命。

（4）筛网调整：根据粉碎粒度要求不同，各种筛网的孔眼大小也不一样，一定要按粉碎粒度要求选择筛网，筛孔一般都是冲压形成的，略呈喇叭状，换装时将孔大的一面向外，这样易于出料。

（5）传动皮带紧度的调整：皮带张紧应适度，张得太紧，消耗动力，造成相关零件温度升高，降低了皮带使用寿命；皮带太松，会造成打滑，功率不能完全传递，主轴转速降低，生产率及粉碎质量下降。

（6）使用聚粉布袋装粉：装粉时，布袋不能装满，必须留有一定空间，而且要经常拍打保持其透气良好，这样可减轻机内压力，排料更畅。

3. 粉碎机的维护

应按《使用说明书》要求对粉碎机进行定期保养和检修。在维护方面还应该注意：

（1）原料清杂应在被粉碎物料进入进料槽前，把其中的石块、金属物、纤维织物等清除，以避免损坏机器或引起缠绕造成堵塞。

（2）操作使用时，应按铭牌上规定的运作。不能随意添加或混用不同样式的齿爪或锤片。

（3）加工完毕后，清理机内的剩余物料，以防发生霉变，进料槽物料喂完后，机器还需运转 3～5 分钟，尽量让粉碎后的粉粒出尽，然后再关机。

（4）长时间停机处理。机器若长时间不用，应清理机内各个部分的剩余粉碎物料，进行一次彻底保养，擦去机器外表的灰尘，封盖好进料口部位，避免杂物落入机内，对于流动作业的机器一定要放在干燥、通风的地方。

4. 粉碎机常见故障及其排除

粉碎机常见故障及其排除方法见表 8－5。

表 8－5　粉碎机常见故障及其排除方法

故障现象	故障原因	排除方法
不粉碎或粉碎效率低	1. 主轴转速太低。 2. 筛网规格不合要求。 3. 齿爪、锤片磨损或损坏。 4. 原料太湿	1. 调整到额定转速。 2. 更换为合适的筛网。 3. 翻面、调头安装或更换。 4. 对原料进行干燥处理
齿爪或锤片损坏	原料中夹杂有金属物或石块	清选原料，更换损坏件
粒度不均匀	1. 筛网规格不对。 2. 筛网磨损或安装不对。 3. 风门关闭	1. 更换筛网。 2. 更换筛网或重新安装。 3. 适当开大风门

续　表

故障现象	故障原因	排除方法
机器震动大有杂音	1. 机脚螺钉松动。 2. 粉碎机安装不平。 3. 主轴弯曲或转动件失去平衡。 4. 机器转速过高。 5. 轴承磨损或损坏	1. 拧紧螺母紧固机座。 2. 调整垫平后再紧固机座。 3. 校直或更换主轴，平衡转子。 4. 调整至额定转速。 5. 清洗加润滑油或更换轴承

二、饲料切碎机

饲料切碎机主要用来切碎茎秆类和藤叶类饲料。常用的茎秆类饲料有稻草、麦草、玉米秆、高粱秆等；常用的藤叶类饲料有苕藤、瓜藤、菜叶、桑叶等。对于不同的饲料有不同的机型，但是无论哪种机型都是饲料沿进料槽喂入，并被旋转着的刀刃切碎。刀片形式、刀片安装位置决定切碎机的机型。

（一）滚筒式切碎机

1. 滚筒式切碎机的结构：

滚筒式切碎机用于茎秆类饲料的切碎。由进料槽、输送带（小型机没有）、送料辊、定刀、切碎滚筒等组成，切碎滚筒结构见图 8－21a。

送料辊有上下两个，辊面带齿或有沟槽，其作用是压紧被切饲料便于刀滚切碎。

切碎滚筒是其主要工作部件，滚筒上装有螺旋形刃刀或直刃刀，装螺旋刃刀滑切性能好，容易切断饲料，刀轴受力平衡；装直刃刀有制造方便、刃口易磨的优点，但切割阻力较大，使用逐渐减少。

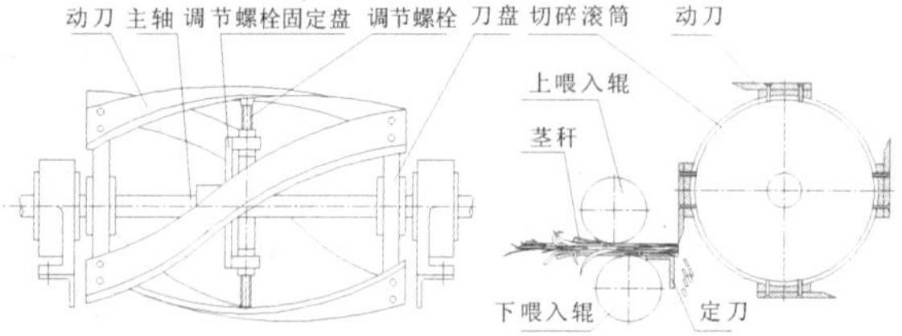

a.切碎滚筒示意图　b.切碎过程示意图

图 8－21　滚筒式切碎机

2. 滚筒式切碎机的工作原理

被切茎秆或饲草从进料槽通过送料辊进入机内到定刀上方，定刀对被切物料起到支承作用。切碎滚筒被动力机带动旋转，当滚筒上的动刀刃转到定刀位置时，以滑切的方式将物料切碎，切碎的饲料沿出料槽落下被收集。切碎过程见图 8－21b。

（二）圆盘式切碎机

圆盘式切碎机主要用于切青贮饲料，并能将切碎的饲料抛出机外。

圆盘式切碎机工作原理和滚筒式切碎机相同。在结构上和滚筒式不同的地方主要是动刀都均匀安装在一个圆盘上（安装两个刀片的较为普遍），刀片不长，可装直刃刀，也可装凹形刀或偏心圆刀；在刀盘的背面装有抛送叶片，抛送叶片随刀盘高速旋转，产生强力风压把已切碎的茎秆抛出机外，其工作过程如图 8－22 所示。

（三）对辊式切碎机和切碎组合机

1. 对辊式切碎机

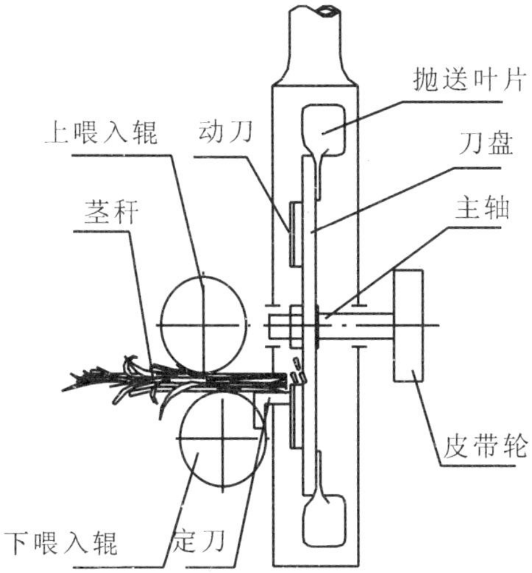

图 8－22　圆盘式切碎机工作过程示意图

对辊式切碎机在食品加工方面用得较多，在农村多用于桑叶切碎，现在的良种桑，叶片大，不利于 1～3 龄的稚蚕饲育，必须把叶片切碎才便于稚蚕进食。这种切碎机在蚕区用得较为普遍。

对辊式切碎机结构特点是装有多个圆盘刀片的两个刀辊相对旋转，把叶片切碎，其结构及工作过程如图 8－23 所示。

机器工作时，桑叶从进料斗均匀喂入落在两刀辊之间，通过电机由一级皮带传动和一级齿轮传动的一对刀辊相对旋转，把落入其间的叶片切碎，通过出料口排出。刀辊由刀轴、带刃口的多个圆盘刀片、隔套组成，隔套安装在两刀片之间用以定切距，装在刀轴上的所有刀片和隔套都必须压紧，不允许有相对运

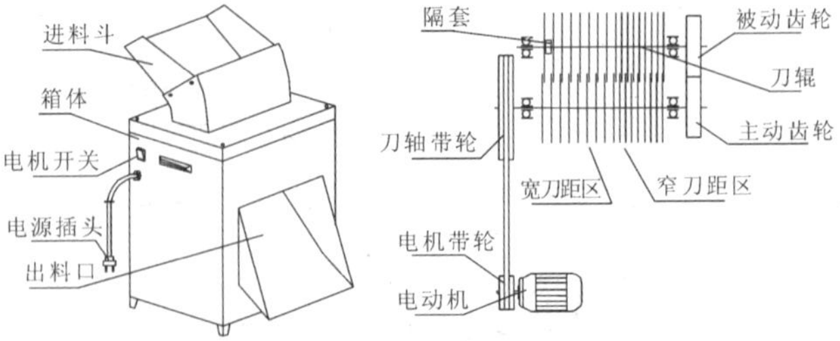

a.外形示意图　　b.结构原理示意图

图 8－23　对辊式切桑机

动。一般切桑机中，同一刀辊上都有宽刀距区和窄刀距区，这主要是适应不同蚕龄的稚蚕的用叶需要。

2. 切碎组合机

切碎组合机是将切片（或切断）与被切后的物料进行粉碎的两道工序组合于一体的机具。在农村常用这种机具加工菌包培育基料和精饲料辅料。

切碎组合机的结构由一个圆盘切碎机的刀盘和一个锤片式粉碎机的转子组成（见图 8－24），其结构和工作原理都和前述基本相同。

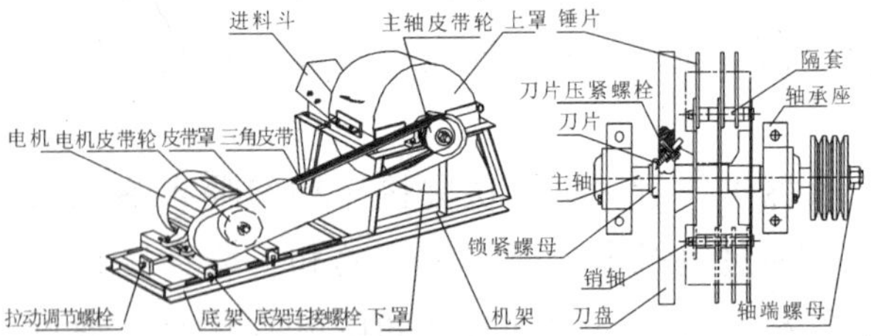

图 8－24　切片粉碎组合机外形及结构示意图

（四）切碎机的使用与维护

1. 切碎机的使用与调整

切碎机的安装调试、操作使用与前述的几种加工机具大体相同，这里要特别提醒使用中的操作安全问题，由于切碎机是靠高速旋转的锐刃刀片切碎物料的，大部分机具都不是机械喂送，而是人用手送进料，若稍不注意，就会造成人员伤害，特别是发生堵塞或机内出现卡滞时，切忌用手伸进料斗内排堵，一定要停机让其转动件停止转动后再行故障排除。

使用中最关键的是刀片间间隙的调整。动刀和定刀间隙过大，难以切断物料，甚至会把一些细茎秆或草叶拖带入切碎室。所以应根据所切原料类型确定间隙大小，一般切直径较粗或较硬而脆的茎秆，刀片间隙为 1 ~ 2 mm；切稻草类软而韧的饲料，刀片间隙为 0.5 mm。在定刀和动刀上都有调节螺钉，调节时先松开螺钉，待间隙符合要求后再紧固。

切断长度的调整通常用这两种方法：一是调整转速，当其他条件不变，转速快则切断长度短，转速慢则切断长度长；二是调整动刀数量，当其他条件不变时，动刀多则切断长度短，动刀少则切断长度长。

2. 切碎机的维护与故障排除

切碎机的保养与维护和前述加工机具相同，这里不再重述。

切碎机的故障主要表现在：切断的物料长短不匀，这是刀片间隙或刀片磨损所造成的，应及时调整间隙或磨锐刀片；刀片打坏，是金属物或硬石块带入机内造成的，应在进料前清理；机器震动大一般都是机脚螺钉松动，要及时紧固；主轴弯曲致使转子不平衡运转也会产生震动，应及时校直主轴。

第四节　茶园修枝采摘机械

茶园生产作业中，常用耕作、起垄、浇灌、施肥、治虫、修枝、采摘等机具，本节只对修枝和采摘机具进行讲述。我国传统的茶园作业基本上是以手工作业为主，特别是修枝和采摘这两个环节季节性强、占用劳动力多，随着农村劳动力的转移，采用机械化作业已是必然趋势，目前我国的一些大中型茶园生产基地已逐步推广使用修剪机和粗茶采摘机（一些制作高级名品茶叶仍用手工采摘），小型茶园也开始示范推广。

一、修枝机

修枝机是一种用于园林修枝的通用机械，用于路旁绿篱、绿化条带及单株树体修枝，也适用于茶园茶树的枝叶修剪。

修枝机有单人手持式和双人手抬式两种。它们的结构都是由汽油机、传动箱、刀片、防护板、手把等组成，图 8－25 为单人手持式修剪机结构示意图。动力一般都是单缸二冲程风冷汽油机，最大输出功率为 0.65 kW，转速为 7500 r/min，动力通过传动箱传给动刀片（往复频率为 1000 次/min），使之做往复运动剪切枝叶，切断动力则靠离心式摩擦离合器。单人手持式修剪机小巧轻便，使用重量在7 kg左右，工作幅宽为0.5～0.75 m，其工作效率是人工修剪的10倍。

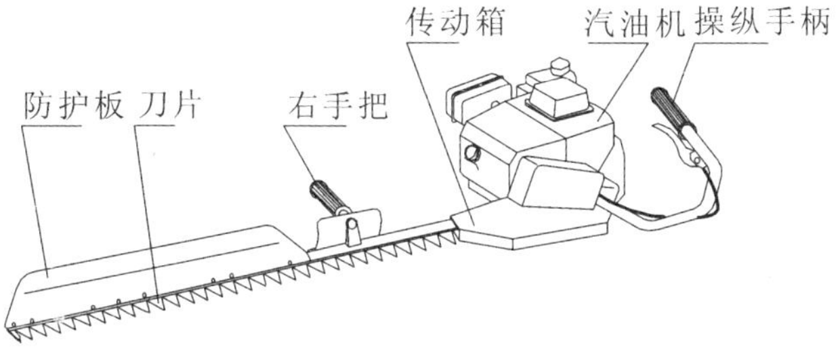

图8－25 修剪机结构示意图

二、采茶机

（一）背负式单人采茶机

背负式采茶机由两大部分组成，一部分是动力机；另一部分是工作部件。这两部分靠驱动软轴连接形成整体，见图8－26。

动力机部分包括一台单缸二冲程风冷汽油机（最大输出功率为0.6～0.9 kW，转速为6000～7500 r/min）、机架、背带和动力输出驱动软管；工作部分包括传动箱、风机、送风管道、左右手把及刀片（往复频率为1000次/min）。

工作时，汽油机动力通过驱动软轴传递给传动箱带动刀片往复运动剪摘茶叶，同时也带动风机运转，当剪摘的茶叶掉落后，随即被送风管吹来的风吹到收集袋内，收集袋是紧挂在手持工作部件上透气性能好的布袋，采摘到一定量后再进行换袋。

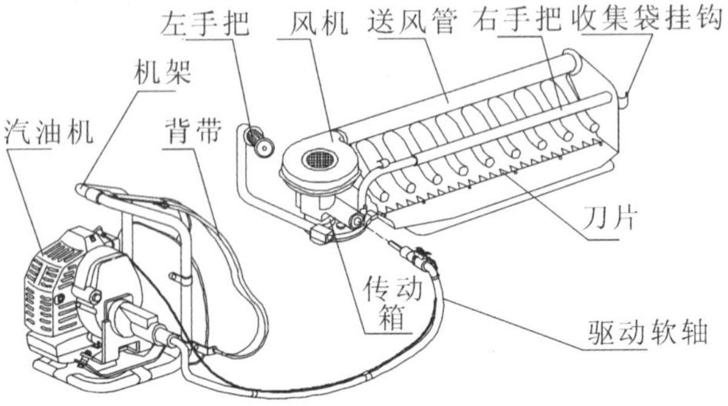

图 8－26　背负式单人采茶机结构示意图

茶叶的采摘过程与修枝机大体相同，只是多了送风和收集装置，但是由于作业对象的精细程度和经济价值不一样，结构成本也有差异，因此不能将采茶机当做修枝机使用。

背负式单人采茶机小巧轻便，使用重量在 10 kg 左右，工作幅宽为 0.3～0.35 m，其工作效率是人工采摘的 15～20 倍。

（二）手台式双人采茶机

手台式双人采茶机由汽油机、传动箱、风机、送风管、刀片和左右手把及操作系统等组成，其结构如图 8－27 所示。

由于双人采茶机多用于成林茶带采摘，工作部件常用弧形结构，采摘幅宽为 0.9～1 m，配套汽油机功率为 1.1～2.2 kW，操作时人在茶带两边，可调节手把位置。

手台式双人采茶机的工作过程和工作原理与单人

采茶机基本相同。

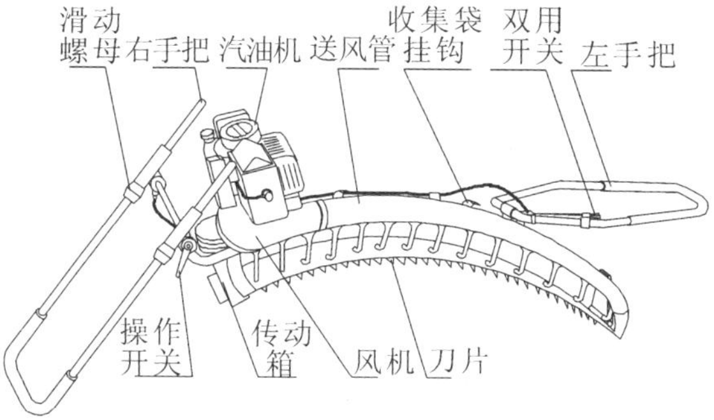

图 8－27　手抬式双人采茶机结构示意图

三、修枝采茶机的使用与维护

（一）修枝、采茶机的使用

购机后必须要仔细阅读《使用说明书》内容，特别要注重安全事项和操作规程，以免造成伤害和机器损坏。

1. 安全注意事项

由于几种机型都配置的是小型汽油机，且都是贴身工作，加上刀片是以每分钟 1000 次的频率在运行，因此必须注意：

（1）工作时严禁烟火。

（2）不能将机器放置在有火烛的地方和易起火的场所。

（3）补充燃料时严禁吸烟；加油时滴漏在机器上的油料一定要擦抹干净。

（4）机器出现故障，特别是刀片卡滞时，不能用手接触刀片，一定要熄火停机后排除检修。

2. 机器的操作

（1）启动前的检查：启动前要检查各连接处是否有松动；润滑部位是否需加注润滑油；刀片间隙是否适当；燃油加注是否正确（90 号汽油与二冲程汽油机专用机油按 25：1 的容积比配制，新机器最初 20 小时以 20：1 容积比进行配制）。

（2）启动：启动时先按几次手油泵，使燃油进入化油器，把空气排出，再把油门开启 1/2～1/3，适当关闭风门，用力按住汽油机，拉动启动绳。启动后，打开阻风门，逐渐加大油门使其正常运转，然后空运转 3～5 分钟再开始工作（新机需进行 2～3 小时由慢到快的磨合后再进行工作）。

（3）操作：操作时需要注意：对不同树龄的茶林带，操作时要选用不同的机具，一般幼林用单人机，成林用双人机，使用双人机时，应根据茶树林带的高度和宽度把手把调整到人抬的合适位置；作业时不允许退割；调头、换行、短距离转移等非有效作业时要关小油门，刀片最好处于停止状态；随时观察采摘质量以判断刀片间隙是否合适；随时观察前方林带上是否有金属或坚硬物体或废弃织物等，避免损坏机器部件；不要用机器切割5 mm以上的枝条。操作中汽油机不能在低转速下进行作业，也不能在高速运转时突然停机。

（4）停机：工作完毕后，将油门置于低速位置，运转50秒后再关闭汽油机。

3. 常见故障及其排除

汽油机故障排除方法按《使用说明书》进行，机具故障排除见表8－6。

表8－6　修枝、采茶机常见故障及排除方法

故障现象	故障原因	排除方法
割茬不齐	1. 刀片间隙过大。 2. 刀片磨损变钝、变形或损坏	1. 调整刀片间隙。 2. 用油石修磨刃口或更换刀片
集叶不畅	1. 送风量太小。 2. 送风管角度不对。 3. 送风管道有异物进入。 4. 导叶板过脏	1. 保证机具转速。 2. 校正送风管角度。 3. 停机清除异物。 4. 清除导叶板上杂物
刀片运行变慢	1. 刀片间夹有杂物。 2. 刀片间隙过小。 3. 刀片或曲轴箱润滑不良	1. 停机清除。 2. 调整刀片间隙。 3. 加注润滑油
离合器不灵	1. 离合器钢丝接头松动或脱落。 2. 离合间隙不对。 3. 三角皮带松弛或损坏或脱落	1. 紧固离合器钢丝接头。 2. 调整离合器间隙。 3. 调整或更换三角皮带

（二）修枝、采茶机的维护

汽油机的维护保养要严格按《使用说明书》要求进行。

1. 机具的保养

（1）每班工作完后，要及时清洁机具，将机器上的尘土、残剩枝叶、茶叶汁渍清除。

（2）开机前检查传动箱（曲轴箱）润滑脂是否

加足，刀片处应滴注润滑油（采茶机最好为食用油）。

（3）刀片长期使用后会有磨损或损坏，要随时检查，及时处理。

2. 机具的贮存

修枝、采茶机都是季节性作业机具，完成作业后都需要较长时间的贮存。贮存时必须做以下的工作：

（1）将机器上的尘土、残剩枝叶、茶叶汁渍清除。

（2）将油箱内的混合油放尽。其目的是避免混合油中的汽油挥发，机油沉淀黏堵油路，同时也避免了橡胶膜片的迅速老化。

（3）旋下汽油机上的火花塞，往气缸内滴入几滴专用机油，拉动几下启动绳，使机油布满缸壁，再旋上火花塞。

（4）刀片处应滴注润滑油（采茶机最好为食用油）。

（5）将机器用布或塑料膜覆盖，放置在阴凉干燥处保存。

第九章 农机作业人员须知

农机作业种类多，环境变化大，且常遇农时紧张，工作十分繁重和辛苦，因而对农机作业人员要求较高。除了要培养良好的职业道德外，作为农机驾驶员必须按照相关法规和要求，通过考试取得拖拉机、联合收割机的驾驶执照。在专业技术上既要求会驾驶拖拉机，还要能熟练操作并维护保养各种配套农具；在农田作业中要熟知农作物生产的农艺知识，按质量要求完成各种农机田间作业。

因此农机作业人员除了要学习前述农机专业知识外，还要学习相关农机政策和法规，在遵守国家法纪的基础上，争取获得国家相关支农、惠农的实际利益；还要学习农业技术基础知识，因地制宜地选购农业机械的种类和型号，做到农机与农艺合理结合，才能充分发挥农业机械的作用，更加有效地开展农机作业经营服务，取得良好的经济效益。

第一节　农业机械相关知识

一、农业机械的种类

农业机械是指用于农业生产及其产品初加工等相关农事活动的机械设备的总称。农业机械包括动力机械和作业机械两个方面。动力机械为作业机械提供动力，包括拖拉机、柴油机、汽油机、电动机等。作业机械直接完成农业生产中的各种作业，包括耕整地机械、种植机械、施肥机械、田间管理机械、植物保护机械、农田排灌机械、作物收获机械、脱粒清选和干燥机械、农副产品加工机械等。

二、农业机械的型号

按照我国机械工业部《农机具产品编号规则》的规定，农业机械的型号由产品牌号、型号和名称组成。

1. 产品牌号

产品牌号主要供识别产品用，常用地名、物名和其他有意义的名词命名，列于产品名称之前。

2. 产品型号

（1）产品型号是由汉语拼音字母（以下简称字

母）和阿拉伯数字（以下简称数字）组成，表示农机具的类别和主要特征。

（2）产品型号的编排顺序

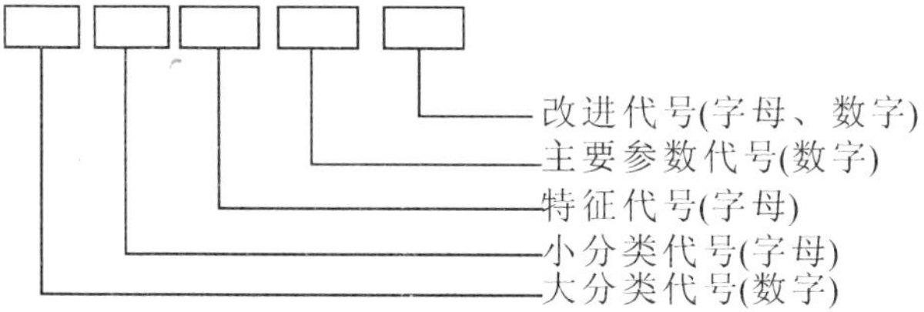

（3）产品型号表示：依次由分类代号、特征代号和主要参数代号三部分组成，分类代号和特征代号与主要参数代号之间，以短横线隔开。

（4）分类代号由产品大类代号和小类代号组成。第一大类代号，由数字组成，见表9－1。

表9－1　农机具产品大类代号

机具类别和名称	代号	机具类别和名称	代号
耕耘和整地机械	1	农副产品加工机械	6
种植和施肥机械	2	运输机械	7
田间管理和植保机械	3	排灌机械	8
收获机械	4	畜牧机械	9
脱粒、清选、烘干和贮存机械	5	其他机械	(0)

注：属于其他机械类的农机在编制型号时不标出“0”

第二小类代号，以产品基本名称的汉语拼音文字的第一个字母表示。为了避免重复，小类代号的字母，必要时可以选取汉语拼音文字第二个或其后面的字母。

（5）特征代号：由产品主要特征（用途、结构、动力形式等）的汉语拼音文字的第一个字母表示。为了避免型号重复，特征代号的字母，必要时可以选取汉语拼音文字第二个或其后面的字母。

（6）主要参数代号：用以反映农机具主要技术特征或主要结构的参数，用数字表示。

（7）改进代号：改进产品的型号在原型号后加注字母“A”表示，称为改进代号，如进行了几次改进，则在字母“A”后加注顺序号。例如：2B－2A1播种机，则表示是进行了第一次改进。

（8）联合作业机具或多用途作业机具的型号一般将其中主要作业机具的类别代号列于首位，其他作业机具代号作为特征代号列于其后。例如：播种机2BF－X（B—播，F—肥，X—行数）。

3. 产品名称

（1）产品名称应能说明产品的结构特点、性能特点和用途。产品名称应简洁、通俗、易记。

（2）产品名称一般应由基本名称和附加名称两部分组成。基本名称表示产品的类别，例如：旋耕机、播种机、碾米机。附加名称用来区别相同类别的不同产品，列于基本名称之前。例如：背负式喷雾器、自走式联合收割机。

（3）产品全称包括产品牌号、产品型号和产品名称三个部分。

以农哈哈牌“2BJF－6型”小麦播种机为例，其中“2”表示种植机械，“B”表示播种机，“J”表示精密，“F”表示施肥，“6”表示一次可播种6行。“2BJF－6”即为1台1次可播种6行的施肥精密播种机；同样在“4LZ－130”中，“4”表示收获机械，“L”表示联合收获机，“Z”表示自走式，“130”代表割幅为1.3m。

三、怎样选择适宜的农业机械型号

选择农业机械，重要的是要考虑地区适应性，因为农业机械与田块条件、土壤性质、作物种类及种植习惯等关系十分密切，同时还要注意与拖拉机的配套性能、作业性能、作业范围和产品质量、通用性、可靠性以及价格等。

1. 选择农业机械的名称

农机具种类很多，每一大类农机具又分很多小类，如耕整地机械又分为犁、耙、旋耕机、镇压器等。对于四川一年内稻、麦水旱两作的地区，通常选择旋耕机、播种机、插秧机、稻麦联合收割机等最基本的农机具。

同时，还要使选用的农机具适应田块大小和使用条件，以及农艺要求，以保证作业质量，取得良好的使用效果。

2. 农业机械的适用性选择

每种农机具都有特定的使用功能和适应范围，因此要注意选择的农机具是否满足当地的使用要求。例如播种机有适应小麦条播的谷物播种机，有适应玉米、大豆等作物点播或穴播的中耕作物播种机，还有适应特小子粒的油菜、蔬菜等作物的专用播种机，也有通过适当调整或变换，适应多种作物的通用型播种机，同时需要针对当地的要求和条件进行合理选择。

3. 农业机械型号的选择

农机具的型号是指农机具外形尺寸的主要技术参数。外形尺寸与田块大小及道路桥涵等条件有关。农机具的主要参数一般指工作幅宽、生产能力等反映生产率大小的参数。不同技术参数的农机具一般与一定型号的拖拉机相配套。

四、怎样选购农业机械

我国幅员辽阔，各地的自然条件差异较大。农业机械，特别是农田作业机具的选择较为困难。加之我国农机具品种繁多，所适用的地区和作业条件也不尽相同，即使是同一型号的机具，由于生产企业的不同，其性能指标和适用范围也有差别。为了帮助广大农户了解和掌握农机具的选购知识，做到心中有数地购买农机具，了解和掌握下述基本知识和选择原则很有必要。

1. 适用性原则

农机具品种繁多，性能各异，在购买机具之前，要尽量多地收集机具资料，如机具说明书及相关宣传资料，以便进行比较。选购农机具时从以下几个方面考查和选择。

（1）机具的适用范围：农机具的适用范围包括作

业对象和适用的环境条件，应当选择符合当地使用环境要求，能完成相关作业内容的机具。

（2）机具的配套动力：选购作业机具时，尤其要注意对动力机具的要求，如配套动力是否相近，挂接装置是否可靠、有效，作业速度是否与使用条件相当等等。

（3）作业性能：机具的作业性能要与当地农艺要求相适应，不同的地区，耕作习惯不同，对机具的要求也不一样。同时也对作业质量有要求。为了保证作业质量达到要求，在选购机具时，应使农机具的性能指标略高于作业对象所要求的性能指标，这是因为农机具在使用过程中，由于机件的磨损，其性能指标在一定范围内变化，特别是农田作业，受作物和田间条件的影响很大，往往会使机具的性能指标降低。

（4）能源消耗和人力占用量：能源消耗是指工作过程中所消耗的燃油、电力、水等，能源消耗应以完成相同的作业能耗时，低的为好；人力占用量是指完成作业所需要的人数和劳动强度的高低，人力占用则根据自己条件来考虑。

2. 经济性原则

经济性一般从两方面来讲，首先是直接效益，其次是潜在能力。购买农机具时要从现实的生产规模和经济条件来考虑，不要片面追求自动化程度和多功能。多数情况下，自动化程度和功能齐全与机具的价格和繁杂程度密切相关，就目前机具生产水平和用户使用水平来看，机具的功能越多，发生故障的概率就越大，可靠性就越低，作业成本也就越高。

机具的潜在能力是指进一步扩大生产的能力，从生产力的角度看，选购机具时要在满足当时生产规模要求的基础上留有一定余地，以便进一步扩大生产规模。

此外作业质量也应作为经济性原则的一个方面来考虑，特别是购买烘干机和农副产品加工机械时，应选择加工出的成品品质尽可能高、损失率尽可能低的机械，这样加工生产出的成品经济收入也就越好。

3. 配套性原则

在选购新的机具时，还需要考虑准备购置的机具与已经有的机具的配套性，做到相互适应、搭配合理。因此应该注意以下几点：

（1）生产能力基本一致，以减少不必要的浪费。

（2）作业程序尽可能不交叉，不互相干涉。

（3）相互间的连接要恰当，便于装卸，特别是与拖拉机配套的农田作业机具，要注意挂接方式，挂接点位置等能够满足作业要求，并有一定的调整范围。

（4）动力配套要留有一定的余地，动力输出部位要与农具一致，功率大小要协调。

4. 标准化原则

标准化是指机具的结构参数、动力参数及零配件的标准化、通用化程度，这一点对农机用户非常重要。通用性好，标准化程度高的机具，配件容易购买，维修起来方便，相对维修成本较低，机具有效利用时间增多，经济效益增高。

5. 安全性原则

安全性一般是指作业的安全性和对人身健康的安全性两个方面。作业安全性是机具具有维持正常生产的属性，为机具的内部属性，比如工作中是否有过热保护、有害物质外漏后对作业对象的防护措施等。人身安全主要是指有碍人体安全的缺陷，比如是否有必要的安全防护措施，工作噪声以及安全警示标志是否合格、齐全等。

6. 企业信誉原则

机具的型号、规格确定之后，购买机具时还要看企业的信誉、实力和售后服务的情况。应尽可能购买信誉高、实力强和售后服务好的企业的产品，这对维护购机者自身利益是有好处的。

第二节　农业机械购置补贴政策

一、国家实施农机购置补贴的意义

农机购置补贴是党和国家实施的一项重大强农惠农政策，是贯彻落实中央一号文件的重要举措。实施农机购置补贴政策是农机化又好又快发展的有力“助推器”，对改善农业装备结构、提高农机化水平、增强农业综合生产能力、发展现代农业、繁荣农村经济和促进农民增收具有重要的意义。

农民个人、农场职工、农机专业户或直接从事农业生产的农机服务组织购置农业机械时，国家会给予补贴，这不仅体现了国家高度重视“三农”工作，采取积极政策措施支持农业和农业机械化的发展，而且还体现了深入贯彻科学发展观的理念。加快实施这项政策，有利于调动农民购置和使用农业机械的积极性，提高农业机械化水平，增强农业综合生产能力；有利于振兴农机工业，拉动农村消费；有利于带动农机服务业及相关产业的发展，增加农民的收入。

二、国家农机购置补贴政策的主要内容

1. 受益范围

国家农机购置补贴政策在全国所有的农、牧业县实施。

2. 补贴对象

农、牧业县的农牧渔民、农场（林场）职工、直接从事农机作业的农业生产经营组织和规定的其他组织均是补贴对象。

当申请补贴资金超出当年控制额度时，为保证公平公正，将按照当年有关政策规定的条件、申请补贴的先后顺序或采取农民易于接受的其他方式确定补贴对象，进行排序优选。补贴对象的优先顺序为：一是农民专业合作组织；二是农机大户、种粮大户；三是乳品生产企业参股经营的生鲜乳收购站、奶农专业合作社、奶畜养殖场所办的生鲜乳收购站；四是列入农业部科技入户工程中的科技示范户；五是“平安农机”示范户。同时，对报废更新农业机械、购置主机并同时购置配套农具的要优先补贴。

补贴对象实行公示制，受益者名单、补贴金额等必须在实施区域内公示，接受群众监督。

3. 补贴机具种类及确定

农业部根据全国农业发展需要和国家产业政策，确定当年度补贴机具种类范围。在农业部确定的补贴范围外，各省（区、市）结合本地实际情况，可自行选择不超过规定数额品目的其他机具纳入中央财政补贴范围。

4. 农机购置补贴目录的制定

农机购置补贴目录由省级农业主管部门制定，报农业部备案并向社会发布。其中包括补贴机具的品目、生产企业、型号、主要配置和技术参数、补贴额等内容，补贴目录在年初制定，有效期为一年。

四川省农机购置补贴产品由两部分组成：一是农业部确定的全国通用类并承诺在四川销售的产品；二是属于四川省确定的非通用类和地方补充类品目范围，列入省级及其以上农业机械产品支持推广目录并承诺在四川销售的产品。

5. 补贴标准

农机购置补贴资金实行定额补贴，对同品种、同规格档次的不同厂家生产的产品，实行统一定额补贴。

补贴分为一般县补贴额和特殊县补贴额（例如重点血防疫县、汶川地震重灾区县），特殊县补贴额比一般县补贴额高66%。单机补贴额原则上最高不超过5万元。100马力以上大型拖拉机、高性能青饲料收获机、大型免耕播种机、挤奶机械、大型联合收割机、水稻大型浸种催芽程控设备、烘干机单机补贴限额可提高到12万元；大型棉花采摘机、甘蔗收获机、200马力以上拖拉机单机补贴额可提高到20万元。

各省可根据实际需要，省级财政资金对农业生产急需和薄弱环节的机具应给予累加补贴。例如四川省对插秧机实行累加补贴，最高可补贴到65%，单台不超过7万元。

6. 补贴产品经销商

农机购置补贴产品经销商是由生产企业自主推荐，省级主管部门确认。

7. 获取补贴信息

四川地区的购机者可通过三种渠道了解当年农机购置补贴的政策、信息：一是互联网（四川省农业厅网站）；二是政府相关单位印制的农机购置补贴目录；三是向当地农业农机管理部门咨询。购机者可详细了解补贴资金规模、补贴程序、补贴机具种类、补贴产品型号、补贴额度和主要配置及技术参数等。

8. 补贴机具管理

县级农机部门对补贴机具实行监督管理，将对国家补贴机具进行核对、登记、编号、建立补贴档案，并接受社会监督。

农民购买了补贴机具后，不可以随意转卖。按照有关文件规定，农民买了补贴机具就要遵守在购机补贴协议中所做出的承若，即原则上 2 年内不得擅自转卖或转让所购的补贴机具。凡发现倒买倒卖国家补贴机具的情况，相关人员将受到严厉查处。

三、农机购置补贴程序

1. 申请

购机者按照规定的表格如实填写个人信息和拟购机具的信息。

2. 公示

县级主管部门审核申请表，公示购机者信息及拟购机信息。

3. 签订协议

县级主管部门确定购机户及购机数量后，签订购机补贴协议书。

4. 购机

购机者持协议书和本人身份证到经销商处议价购机，商定后，购机者支付差价款、索取差价款正式发票并提机。

5. 机具喷字编号

县级主管部门根据附表的机具编号，在补贴机具的显著位置喷上国家补贴机具和编号的统一标记。

6. 核实

县级主管部门对已购机情况进行逐一核实确认。

7. 补贴款结算

有结算权的企业向项目主管部门提出结算申请，审核无误后，由财政部门将差价款拨给企业。

第三节 农业机械安全生产

生产要安全，安全为生产。在任何生产中，首先要保证操作人员的人身安全和健康，同时保证机器设备及其他物资财产不受损失，才能达到生产的目的和完成生产计划。所谓安全，就是指没有危险，不受威胁，不出事故。农业机械是一种机械性劳动手段，在机械运用日益增多，农业运输紧张繁忙，农田机械作业面积不断扩大的形势下，安全尤为重要。

一、农机安全生产的内容

农机安全生产是指在一切使用农业机械生产活动的场所，防止人身伤亡和机械事故的发生，做到“高效、优质、低耗、安全”，其主要内容有：

1. 加强对农机安全生产的领导。认真贯彻执行国家和业务主管部门有关安全生产的法律和规定。分析安全生产情况，总结安全生产经验，制定安全生产措施，并定期进行安全检查。

2. 做好安全生产的宣传教育工作。通过多种宣传媒介，进行安全生产知识的宣传，经常向农机驾驶员、操作人员宣传安全生产的意义，宣讲农机安全知识，教育农机人员遵纪守法，增强法制观念。

3. 建立健全安全生产制度，加强对农机人员的岗位培训和技术指导。

4. 协助有关部门搞好农机具和机手的年检年审工作。

5. 搞好机耕道路和库房建设，配备必要的劳保用品。

6. 开展农机安全生产单位和先进个人的评比活动。

二、乡村农机安全人员的职责

1. 认真抓好本地农机安全管理工作，及时向上级汇报，当好领导参谋。

2. 及时传达上级有关农机安全生产方针、政策、法令、规定等，定期组织有关人员学习农机安全知识。

3. 负责组织本地农业动力机械及配套机具参加检验和操作手的考核。

4. 负责组织年审年检和安全检查。

5. 建立健全本地农业机械及其驾驶操作人员的监理档案。

三、几种主要农机作业的安全生产规程

1. 田间作业安全生产操作规程

（1）作业前，驾驶员应该了解道路、桥梁和作业田块区域的情况，事先清除障碍，填平沟坑，查明有无涝洼，以防机车的陷入。

（2）挂接农具用低挡小油门，地头转弯时一定要升起悬挂农具。拖带牵引机具不准急转弯、转死弯。

（3）过沟、过埂、下坡时，应低速行进，悬挂农具上不准站人。

（4）拖拉机装上水田轮，越高埂、爬陡坡时应倒驶。

（5）农具正在作业时，不准清理杂草、加注润滑油或跳上跳下。

（6）当悬挂和牵引农具的宽度、长度超过一定限度时，行走和转向尤其要注意，以防尾轮伤人和碰撞障碍物。

（7）夜间作业应有照明设备。

（8）每次作业完毕后必须坚持班次保养。

2. 拖拉机运输作业安全生产操作规程

（1）未经考核发证和年审的驾驶员，不准在公路上运输。

（2）参加公路运输的拖拉机，必须技术状态良好，离合、转向、制动、灯光、喇叭等灵敏可靠，并装有后视镜和转向灯。

（3）拖带拖车必须专用配套，禁止拖带畜力车、人力车。拖车连接装置必须牢固，装有保险、防护、制动装置。

（4）拖拉机只能“一拖一挂”，严禁超速、超重、超高、超长和超员运行。不准任意搭客，不准空挡溜坡。

（5）要礼貌行车，遇车先让、先慢、先停。在风、雨、雪、雾天和夜间行驶或通过村镇、桥梁、铁路、交叉路口时，要减速慢行，坚持“一慢、二看、三通过”。

（6）严禁高速行驶和急转弯。上下坡途中不准换挡。

3. 联合收割机作业安全生产操作规程

（1）收割机作业前，须对道路、田间进行勘查，对危险路段和障碍物应设明显的标记。

（2）对收割机进行保养、检修、排除故障时，必须切断动力或在发动机熄火后进行，切割器和滚筒同时堵塞或发生故障时，严禁同时清理或排除，在清理切割器时严禁转动滚筒。

（3）在收割台下进行机械保养或检修时，须提升收割台，并用安全托架或垫块支撑稳固。

（4）卸粮时，人不准进入粮仓，不准用铁器等工具伸入粮仓，接粮人员手不准伸入出粮口。

（5）收割机带秸秆粉碎装置作业时，须确认刀片安装可靠，作业时严禁在收割机后站人。

（6）长距离转移地块或跨区作业前，须卸完粮仓内的谷物，将收割台提升到最高位置予以锁定，不准用集草箱搬运货物。

（7）收割机械要备有灭火器及灭火用具，夜间保养机械或加燃油时不准用明火照明。

4. 脱粒作业安全操作规程

（1）作业前，对机械各部位认真检查、调整和注油。传动皮带周围加装防护装置。

（2）作业中，不准非操作人员靠近机械；不准使用明火、不准吸烟；不准穿肥大衣裤；不准用手或木棒向机内喂入禾秆；不准检查、调整、注油和排除故障；不准将石块、铁器喂入滚筒。

（3）作业后，应及时清理机械，排除杂物，检修和保养。

参 考 文 献

1. 宫元娟. 常用农业机械使用与维修技术问答. 北京: 金盾出版社, 2010.
2. 施森宝. 耕地机械作业手培训教材. 北京: 金盾出版社, 2009.
3. 施森宝. 播种机械作业手培训教材. 北京: 金盾出版社, 2008.
4. 施森宝. 收割机械作业手培训教材. 北京: 金盾出版社, 2008.
5. 中央农业广播电视学校. 农业机械. 北京: 中国农业出版社, 1994.
6. 农业部农业机械化管理司. 农机安全法规与相关知识必读. 北京: 中国农业大学出版社, 2009.